Betonböden im Industriebau

Hallen-
und Freiflächen

Betonböden im Industriebau

Hallen- und Freiflächen

Gottfried Lohmeyer
Karsten Ebeling

Herausgeber
Bundesverband der Deutschen Zementindustrie, Köln

Die Deutsche Bibliothek – CIP-Einheitsaufnahme

Lohmeyer, Gottfried:
Betonböden im Industriebau: Hallen- und Freiflächen / Gottfried Lohmeyer; Karsten Ebeling. Hrsg. Bundesverband der Deutschen Zementindustrie, Köln. – 6. Aufl. – Düsseldorf: Verl. Bau+Technik, 1999

ISBN 3-7640-0385-5

6. überarbeitete und ergänzte Auflage 1999

Diese Broschüre wurde auf umweltfreundlichem Papier (aus chlorfrei gebleichtem Zellstoff) gedruckt.

Gesamtproduktion:
Verlag Bau+Technik GmbH, Düsseldorf

Vorwort

1. Auflage

Bodenflächen im Industriebau werden oft durch außergewöhnlich hohe ruhende, rollende oder schleifende Lasten beansprucht. Das gilt sowohl für Hallenböden als auch für Freiflächen. Aus diesem Grunde ergeben sich in der Praxis nicht selten besondere Überlegungen bei der Planung und beim Bau. Bei der Herstellung von Betonböden handelt es sich gewissermaßen um Tiefbauarbeiten im Bereich von Hochbauten. Daher gibt es außer vereinzelten Empfehlungen nur wenig Fachliteratur. Einschlägige Vorschriften oder Richtlinien stehen für den Bau von Bodenflächen im Industriebau nicht zur Verfügung.

Andererseits liegen neuere Erkenntnisse und Bemessungsverfahren vor, mit deren Hilfe sich Betonböden wirtschaftlich und zuverlässig herstellen lassen. Wie bei anderen schwer belasteten Verkehrsflächen spielt auch hier die günstige lastverteilende Wirkung einer Betondecke eine entscheidende Rolle.

Die vorliegende Broschüre faßt die neueren Erkenntnisse zusammen. Der Text richtet sich vor allem an den Praktiker, dem eine Arbeitshilfe für die sachgerechte und wirtschaftliche Herstellung von Betonböden im Industriebau an die Hand gegeben werden soll. Aber auch Dozenten und Studierende sind angesprochen. Den Schwerpunkt bilden Fragen der Planung und der Bauausführung. Der Bereich Bemessungsgrundlagen folgt als Teil III.

An der Erarbeitung der Broschüre war neben dem Verfasser eine Arbeitsgruppe der Bauberatung Zement beteiligt, der Dipl.-Ing. R. Krieger, Dipl.-Ing. H. Müller, Dipl.-Ing. P. Schmincke, Dipl.-Ing. R. Soller und Dr.-Ing. R. Weber angehörten. Das Manuskript hat außerdem Fachleuten aus der Baubehörde sowie der Bau- und der Zementindustrie vorgelegen. Verbesserungsvorschläge werden gern entgegengenommen.

Prof. Dr. Ing. H. O. Lamprecht

6. Auflage

Die Nachfrage nach dieser Broschüre zeigt, daß sie für Planende und Ausführende eine wertvolle Hilfe ist. Vielen Dank für Anregungen und Ergänzungsvorschläge aus der Praxis, die in die vorliegende 6. Auflage eingearbeitet wurden. Für Hallenböden, deren spätere Nutzung veränderbar sein soll oder noch nicht feststeht, wurden Bemessungsvorschläge für einen Standard-Betonboden aufgenommen. Neu sind auch Festlegungen für Hartstoffschichten nach DIN 18 560, Teil 7. Weitere Änderungen betreffen insbesondere die Fugen und die Nachbehandlung. Neue oder geänderte Regelwerke wurden ebenfalls berücksichtigt. Wie schon bei der 5. Auflage hatte Dipl.-Ing. Karsten Ebeling wesentlichen Anteil an der Überarbeitung. Er wurde jetzt Mitautor der Broschüre.

Dr.-Ing. Lutz Wittmann
Leiter der Bauberatung Zement

Inhaltsverzeichnis

Einführung

Die nachstehenden Beschreibungen sollen dem Planenden eine einfache Festlegung der Konstruktion ermöglichen und dem Ausführenden die richtige Herstellung von Betonböden im Industriebau und ähnlichen Baubereichen erläutern. Es soll damit sichergestellt werden, daß eine spätere Nutzung dieser Flächen über lange Zeit erfolgen kann. Betonböden bieten verschiedene Vorteile, insbesondere hinsichtlich hoher Tragfähigkeit und großer Dauerhaftigkeit bei starken Beanspruchungen. Herstellung und Unterhaltung sind in wirtschaftlicher Weise möglich. Jedoch können nicht ausreichende Konstruktionskenntnisse und schlechte Ausführung die Dauerhaftigkeit in Frage stellen. Unnötige Aufwendungen können die Wirtschaftlichkeit beeinträchtigen.

Betonböden für Hallenflächen werden häufig als Industriefußböden bezeichnet. Betonböden kommen allerdings nicht nur für Industriehallen zur Anwendung, sondern auch für andere Produktions- und Lagerbereiche. Betonböden im Freien sind Verkehrsflächen, die den Betonstraßen ähneln.

Schon im Jahr 1888 wurde die erste deutsche Betonstraße in Breslau hergestellt. Obwohl der Einbau im Handbetrieb erfolgte, erwies sich diese Straße als sehr haltbar und bedurfte nur einer geringen Pflege. In den folgenden Jahren baute man diese Betonstraßen in größerem Umfang in mehreren deutschen Städten. Im Jahr 1924 wurde in Berlin eine Betonstraße erstmals maschinell hergestellt. Hierbei wurde auf amerikanische Erfahrungen aufgebaut. Der Bau von schwer belasteten Schnellstraßen (Autobahnen) begann in Deutschland in größerem Umfang nach der Fertigstellung der ersten Autobahn zwischen Köln und Bonn im Jahr 1934. Schon 1924 erschienen die ersten Merkblätter für den Bau von Betonstraßen.

Betonböden im Industriebau werden im Gegensatz zu öffentlichen Straßen und Autobahnen kaum durch derart häufige Lastwechsel beansprucht; statt dessen treten oft höhere Einzellasten und größere flächig sowie langfristig wirkende Lasten auf.

Straßenflächen, z.B. Werkstraßen, die als Betriebsstraßen, Verbindungsstraßen oder als Betriebszufahrten dienen, werden von Lkw, Pkw, Gabelstaplern, Elektrokarren oder Sonderfahrzeugen in unterschiedlicher Häufigkeit und mit stark wechselnden Radlasten befahren.

Parkflächen und Einstellplätze sowie Bereitstellungsräume für Lkw werden durch Fahrverkehr und ruhenden Verkehr beansprucht.

Lagerflächen und Abstellflächen müssen die Lager- und Abstellgüter aufnehmen können. Sie werden darüber hinaus oft durch die Ladegeräte stark schleifend beansprucht, insbesondere dann, wenn es sich um

Schüttgüter handelt, die von Baggern, Radladern oder anderen Hebe- und Transportgeräten umgesetzt werden. Container und Hochregale bringen große Punktlasten auf den Betonboden. Besondere Anforderungen sind zu erfüllen, wenn diese Betonböden als Auffangflächen für grundwassergefährdende Flüssigkeiten geeignet sein sollen.

Produktionsflächen in den Werkhallen erhalten nicht nur Lasten aus Maschinen und Geräten, die oft zusätzliche Schwingungen verursachen, sondern sie werden auch an der Oberfläche mechanisch beansprucht (schlagend, schleifend, stoßend) oder chemisch angegriffen durch Säuren, Laugen, Öle.

Zu einem Betonboden gehört ein tragfähiger Untergrund, auf dem eine der Belastung entsprechende Tragschicht angeordnet wird. Direkt auf der Tragschicht oder auf einer zwischengelegten Gleitschicht liegt die einschichtige Betonplatte, die eine zweckentsprechende Oberfläche erhält. Tragschicht und Betonplatte müssen auf die Beanspruchung abgestimmt sein.

Der folgende Teil I behandelt die Grundsätze für Planung und Konstruktion von Betonböden im Industriebau, während die Abschnitte des Teils II die Ausführung beschreiben. Im Teil III werden Bemessungsverfahren vorgestellt, die die verschiedenen Einflüsse auf den Betonboden berücksichtigen und eine Bestimmung der erforderlichen Tragschicht und Betonplatte in Art und Dicke ermöglichen. In Berechnungsbeispielen werden die einzelnen Rechengänge erläutert.

Diese Broschüre behandelt im wesentlichen:
- ❑ Betonböden aus einschichtiger Betonplatte,
- ❑ auf Tragschicht,
- ❑ ohne Estrich,
- ❑ ohne Bewehrung,
- ❑ ohne Dehnfugen.

Befahrene Geschoßdecken, z.B. Decken in Industriegebäuden oder Parkdecks, werden hier nicht behandelt. Es werden also Betonböden beschrieben, die vollflächig auf einer tragfähigen Unterlage aufliegen.

Selbstverständlich können die vorgenannten Industrieflächen auch mit Betonpflastersteinen hergestellt werden. Diese Ausführungsart wird hier nicht dargestellt.

Teil I: Planung und Konstruktion

Betonböden für Hallen und Freiflächen bestehen im wesentlichen aus drei Teilen (Bild 1.1):

- Untergrund – gleichmäßig und verdichtet,
- Tragschicht aus Kies, Schotter oder Bodenverfestigung,
- Betonplatte mit bearbeiteter Oberfläche.

Unter dem Begriff „Betonboden" wird die Einheit aus den drei vorgenannten Teilen betrachtet. Die Betonplatte ist also nur ein Teil eines Betonbodens.

Für einwandfreie Nutzung und dauerhaftes Funktionieren von Betonböden ist die volle Wirksamkeit der drei übereinander liegenden Bauelemente erforderlich. Bild 1.1 zeigt den Aufbau eines Betonbodens in einfacher Form.

Bild 1.1: Betonboden-Aufbau

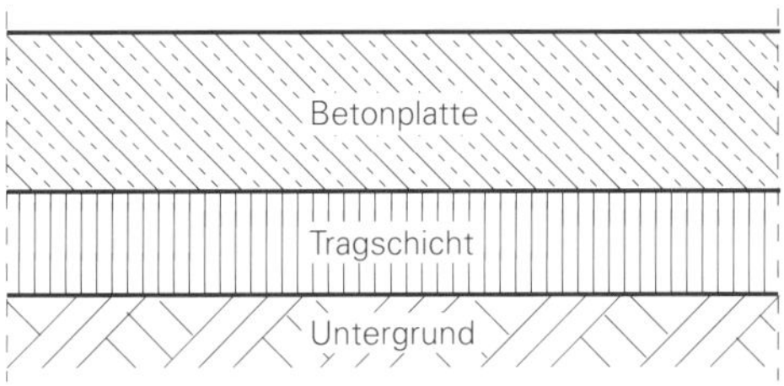

1 Vorschriften und Richtlinien

Es existieren keine speziellen Vorschriften für den Bau von Betonböden im Industriebau. Daher ist es sinnvoll, einige DIN-Normen oder andere Vorschriften und Vertragsbedingungen des Betonbaus und des Straßenbaus als Grundlage für Planung und Ausführung hinzuzuziehen [1 bis 38].

Die AGI-Arbeitsblätter für Verkehrsflächen [13 bis 19] enthalten wertvolle Angaben.

Die Technischen Vorschriften und Richtlinien der Forschungsgesellschaft für das Straßenwesen enthalten weitere wichtige Hinweise [20 bis 28].

Aus den DIN-Normen, Arbeitsblättern, Merkblättern und Richtlinien kommen jeweils nur einzelne Teile für Planung, Konstruktion und Ausführung von Betonböden in Frage.

Betonböden sind keine Bauteile im Sinne der DIN 1045, wenn folgende Bedingungen zutreffen:
- ❑ Sie liegen auf dem Untergrund und auf einer durchgehenden Tragschicht,
- ❑ sie tragen keine anderen Bauteile und steifen sie auch nicht aus.

Bemessung und Ausführung von Betonböden müssen daher nicht nach DIN 1045 erfolgen. Selbstverständlich ist es möglich und auch sinnvoll, sich in einzelnen Bereichen auf DIN 1045 zu beziehen. Die Bedingungen für Beton B II an Eigenüberwachung und Fremdüberwachung müssen nicht erfüllt werden.

2 Beanspruchung der Betonböden

Betonböden für Hallen und Freiflächen werden vielfältig beansprucht. Die Beanspruchung ergibt sich im wesentlichen aus folgenden Einflußgrößen, die im Einzelfall abzuklären sind (Tafel 2. 1).

Obwohl gerade Betonböden den Einflußgrößen entsprechend hergestellt werden können und den unterschiedlichen Beanspruchungen gut widerstehen, müssen alle Maßnahmen beim Planen, Konstruieren und Ausführen eines Betonbodens darauf abzielen, nachstehende Mängel zu vermeiden:
- ❑ zu große Formänderungen,
- ❑ Risse,
- ❑ Oberflächenzerstörungen,
- ❑ Unebenheiten.

In den folgenden Abschnitten werden die wesentlichen Beanspruchungen näher erläutert.

2.1 Belastung

Für die Biegebeanspruchung des Betonbodens sind meistens punktförmig wirkende Lasten entscheidend. Sie sind daher für die Bemessung des Betonbodens besonders wichtig.

Punktförmig wirkende Lasten

Sowohl bewegliche Lasten aus Fahrzeugen und Gabelstaplern wie auch langfristig wirkende Lasten aus Regalen oder Containern wirken im allgemeinen punktförmig auf den Betonboden ein. Je nach Fugenanordnung und Stellung der Last sind drei nennenswerte Lastfälle zu unterscheiden:
- ❑ Belastung in Plattenmitte,
- ❑ Belastung am Plattenrand,
- ❑ Belastung auf der Plattenecke.

Belastungen am Plattenrand und auf der Plattenecke erzeugen etwa doppelt so große Beanspruchungen wie Belastungen in Plattenmitte. Bei Festlegung der Fugen zur Unterteilung großer Flächen in einzelne Platten ist hierauf Rücksicht zu nehmen.

Einzellasten aus gestapelten Gütern, Regallagern, Containern o.ä. können große Werte erreichen. Bei kleinen Aufstandflächen verursachen diese Lasten hohe Kontaktpressungen.

Stützenlasten aus Hochregallagern können in die Größenordnung von 250 kN reichen. Bei kleinen Fußplatten ergeben sich hohe Kontakt-

Tafel 2.1: Einflußgrößen für verkehrsbeanspruchte Flächen

Einflußgrößen für Betonböden

Belastung
- Punktförmig wirkende Lasten
  (z.B. Gabelstapler, Hubwagen, Regale)
- Flächig wirkende Lasten
  (z.B. lagernde Güter)

Physikalische Beanspruchung
- Temperaturdifferenzen
  (z.B. ungleichmäßiges/gleichmäßiges Abkühlen/Erwärmen, Tag/Nacht, Sommer/Winter, Hitze/Frost/Frost-Tausalz)
- Austrocknung
  (z.B. ungleichmäßiges/gleichmäßiges Schwinden/Quellen)
- Schleifende/rollende/stoßende Beanspruchung
  (z.B. Produktionsvorgänge, Arbeitsprozesse, Gütertransporte)

Chemische Beanspruchung
- Säuren, Sulfate, Laugen
  (Angriffsgrad/Konzentration)
- Öle, Fette
  (organischer/mineralischer Herkunft)

Besondere Eigenschaften
- Wärmeleitwiderstand
- Flüssigkeitsundurchlässigkeit
- Elektrische Ableitfähigkeit
- Feuerwiderstand

Nutzungseigenschaften
- Ebenheit
- Nutzungsbeginn
- Rutschsicherheit
- Staubfreiheit
- Reinigungsfähigkeit
- Dauerhaftigkeit
- Instandsetzungsfähigkeit

pressungen unter den Regalfüßen. Beispielsweise entstehen bei Fußplatten von 125 x 125 mm Kontaktpressungen bis zu 16 N/mm². Zu hohe Kontaktpressungen müssen vermieden werden. Erforderlichenfalls ist ein gesonderter Nachweis gegen Durchstanzen zu führen (s. Abschn. 15.3 und 15.4).

Groß-Container, die mehrfach übereinander gestapelt werden können, erzeugen ebenfalls Punktlasten bis zu 250 kN. Aufstandflächen von 160 x 200 mm ergeben Kontaktpressungen bis zu 8 N/mm², teilweise schlagartig.

Hinweis: Große Einzellasten, insbesondere solche über 150 kN, belasten sehr stark den Untergrund. Trotz Lastverteilung durch Betonplatte und Tragschicht können größere Setzungen auftreten. Um späteren Beeinträchtigungen der Nutzung des Betonbodens vorzubeugen, ist eine genauere Erkundung der Tragfähigkeit des Untergrunds durch ein Institut für Erd- und Grundbau erforderlich.

Radlasten von Fahrzeugen und Gabelstaplern werden durch Kontaktpressung zwischen Reifen und Betonoberfläche in den Betonboden übertragen. Diese Kontaktpressung ist für die Größe der Beanspruchung von großem Einfluß. Zu bedenken ist, daß Radlasten je nach Laststellung in einem Querschnitt wechselnde Beanspruchungen auslösen können, wechselnd von Biegedruck auf Biegezugspannungen.

Luftreifen erzeugen eine Kontaktpressung, die gleich groß dem Innendruck der Reifen ist. Die Kontaktpressung beträgt maximal 10 bar ≙ 1,0 N/mm².

Vollreifen (Gummi) können eine höhere Kontaktpressung bewirken, und zwar bis zu maximal 1,5 Mpa ≙ 1,5 N/mm².

Diese Reifen haben bei gleicher Belastung eine kleinere Aufstandsfläche. Die Beanspruchung der Betonplatte ist dadurch entsprechend größer.

Sonderreifen aus speziellen Kunststoffen (Polyurethan) können mit Kontaktpressungen bis zu 7,0 N/mm² arbeiten. Hierfür sind besondere Maßnahmen nötig, die im Einzelfall zu klären sind (z.B. Beschichtung der Betonplatte nach Abschn. 11.5 oder Kantenschutz nach Abschn 3.5.7).

Fahrzeuge mit Zwillingsreifen (nebeneinander angeordnete Räder) verursachen eine um 10 bis 30 % geringere Beanspruchung der Betonplatte gegenüber Einzelreifen, wenn die Last über beide Zwillingsreifen abgetragen wird.

Fahrzeuge mit Tandemachsen (hintereinander angeordnete Räder) führen zu einer Erhöhung der Beanspruchung bis zu 20 % gegenüber Einzelreifen, da sich die Lasteinwirkungsbereiche überlagern.

Die in Tafel 2.2 angegebenen Radlasten geben einen Anhalt für die zu berücksichtigenden Kräfte. Die tatsächlich auftretenden Lasten sind im Einzelfall zu klären.

Im Abschnitt 3 „Konstruktion“ sind Beispiele für die Ausführung bei verschiedenen Belastungen angegeben:

- ❑ für Tragschichten s. Abschn. 3.2 Tafel 3.3,
- ❑ für Betonböden s. Abschn. 3.4 Tafel 3.5.

Bei diesen Beispielen wurde vorausgesetzt, daß die Kontaktpressung unter den Einzellasten auf maximal 10 bar bzw. 1,0 N/mm^2 begrenzt ist. Im Teil III wird die Bemessung an Beispielen näher erläutert (s. Abschn. 15.1 und 15.3).

Flächig wirkende Lasten

Zusätzlich zu den vorgenannten punktförmig wirkenden Lasten können flächig wirkende Lasten die Betonböden beanspruchen. Diese flächig wirkenden Lasten, die z.B. aus lagernden Gütern herrühren, bewirken

Tafel 2.2: Radlasten für verschiedene Fahrzeugarten [nach DIN 1055 und DIN 1072]

Fahrzeug	Gesamtgewicht	Tragfähigkeit	Achslast P	Radlast Q
Gabelstapler				
sehr schwer	35 t	15 t	300 kN	150 kN
schwer	13 t	5 t	120 kN	60 kN
mittel	7 t	2,5 t	65 kN	32,5 kN
klein	3,5 t	1 t	30 kN	15 kN
	2,5 t	0,6 t	20 kN	10 kN
Lastkraftwagen	12 t		80 kN	40 kN
	6 t		40 kN	20 kN
	3 t		20 kN	10 kN
Schwerlastwagen	60 t		200 kN	100 kN
			130 kN	65 kN
	30 t		100 kN	50 kN
Container-Portalstapler				150 kN
Hubschrauber	6 t		60 kN	30 kN
	2 t		20 kN	10 kN

keine wesentliche Verformung und damit keine große Beanspruchung der Betonplatte. Langfristig wirkende Flächenlasten können jedoch die Verkürzungen aus Schwinden und Temperaturdifferenzen behindern. Hierdurch entstehen in der Betonplatte Zugspannungen.

Wenn bei flächig wirkenden Lasten gleichzeitig große Fugenabstände in der Betonplatte gewählt werden sollen, wird stets eine Gleitschicht zwischen Tragschicht und Betonplatte erforderlich sein. Beispiele zur Bemessung zeigt Abschnitt 15.3.5.

Hinweis: Bei sehr großen, flächig wirkenden Lasten, z.B. durch Maschinenfundamente, ist eine genauere Erkundung der Tragfähigkeit des Untergrunds durch ein Erd- und Grundbauinstitut erforderlich, um spä-teren Setzungen oder Beeinträchtigungen des Betriebs vorzubeugen.

2.2 Temperaturdifferenzen

Betonböden im Freien sind besonderen Temperaturbeanspruchungen ausgesetzt, da die Betonplatte die jahreszeitlichen und täglichen Temperaturschwankungen an der Oberfläche erfährt. Aber auch Betonböden in Hallen sind nicht frei von Temperaturbeanspruchungen. Dies gilt für das Beheizen beim Beginn einer Arbeitsperiode oder beim Abkühlen während der Betriebspausen. Große Fenster- und Toröffnungen ermöglichen eine starke Sonneneinstrahlung auf die Betonoberfläche. Nicht zu vernachlässigen ist der Bauzustand, während dem ein Betonboden eventuell wie eine Fläche im Freien beansprucht wird. Beispiele zur Bemessung enthält Abschnitt 15.3.6. Für den Betonbau beim Umgang mit wassergefährdenden Stoffen hat der Deutsche Ausschuß für Stahlbeton eine Richtlinie herausgegeben, die die Möglichkeit bietet, einen Nachweis ungerissener Bereiche und einen Rißbreitennachweis zu führen [35].

Gleichmäßiges Abkühlen und Erwärmen

Ein gleichmäßiges Abkühlen führt zum Verkürzen der Betonplatten, die vorhandenen Fugen werden sich hierbei öffnen. Dieser Verkürzung wird jedoch die Reibungskraft zwischen Betonplatte und Untergrund entgegenwirken. Daher muß die Reibungskraft besonders bei Platten mit großen Fugenabständen durch das Anordnen einer Gleitfolie unter der Betonplatte vermindert werden.

Das gleichmäßige Erwärmen einer Betonplatte, wie es z.B. beim langsamen Aufheizen einer Halle erfolgt, ist unbedeutend und kann im allgemeinen unberücksichtigt bleiben. Beim Erwärmen möchte sich die Betonplatte ausdehnen. Wenn diese Ausdehnung behindert wird, entstehen Betondruckspannungen. Die Betonplatte kann diese Druckspannungen ohne weiteres aufnehmen. Für die Sicherung angrenzender Bauteile (z.B. Wände oder Schächte) sind Raumfugen mit weicher Fugeneinlage anzuordnen (s. Abschn. 3.5).

Ungleichmäßiges Abkühlen oder Erwärmen

Das ungleichmäßige Abkühlen oder Erwärmen einer Betonplatte kann wesentlich ungünstiger als eine gleichmäßige Temperaturänderung sein. Diese Vorgänge können zu Verwölbungen der Betonplatte führen. Für das Entstehen ungleichmäßiger Temperaturverhältnisse innerhalb der Plattendicke sind drei Ursachen entscheidend:

- Wärmeentwicklung und Abkühlen beim Erhärten des Betons,
- Erwärmen durch Sonneneinstrahlung,
- Abkühlen durch Frost oder Nachtkälte.

Diese Einflüsse sind abhängig von der Lagerung der Betonplatte. Der erste Einfluß kann gemildert werden durch eine entsprechende Betonzusammensetzung und Nachbehandlung bei der Ausführung.

Temperaturbeanspruchung beim Erhärten des Betons

Beim Erhärten des Betons wird Wärme entwickelt; es entsteht infolge der chemischen Reaktion des Zements mit dem Wasser die sogenannte Hydratationswärme. Sie ist um so größer, je mehr Zement verwendet wird und je höher die Zementfestigkeitsklasse ist. Die Temperatur wird etwa 12 bis 36 Stunden nach der Herstellung des Betons den Höchstwert erreichen. Das Erwärmen ist nicht sehr bedeutsam, wohl aber das nachfolgende Abkühlen, da es an der Oberfläche intensiver erfolgt als in tieferen Bereichen der Betonplatte. Schnelles Abkühlen durch Wind innerhalb der genannten Zeitspanne ist besonders kritisch. Es entstehen durch große Temperaturdifferenzen hohe Temperaturspannungen, die sehr leicht die bis dahin noch geringe Zugfestigkeit des Betons erreichen. Risse sind die Folge. Temperaturdifferenzen zwischen dem Kern und der Oberfläche des Betons von mehr als 15 Kelvin führen im erhärtenden, jungen Beton zu Rissen [54]. Diese Risse werden zwar zunächst nicht die gesamte Plattendicke erfassen, da nur im oberen Bereich Zugspannungen herrschen, sie werden aber oft durch das nachfolgende Schwinden des Betons aufgewertet und vertieft.

2.3 Schwinden

Betonböden in Hallen sind besonders stark dem Schwinden ausgesetzt. Das Schwinden des Betons entsteht durch das Schwinden des Zementsteins während des Austrocknens. Niedrige Luftfeuchtigkeit, Wind und hohe Temperaturen beschleunigen das Austrocknen des Betons und damit den Schwindvorgang. Nicht die Zementart, wohl aber der Zementgehalt und der Wassergehalt bestimmen die Größe des Schwindens. Das Schwinden wird auch um so größer sein, je mehr Zementstein im Beton vorhanden ist und je wasserreicher der Beton hergestellt wurde (s. Abschnitt 15.3.7).

Ungleichmäßiges Schwinden

Die Betonplatte trocknet nicht gleichmäßig aus, sondern im wesentlichen von der Betonoberfläche her, also einseitig. Daher wird auch das Schwinden nicht gleichmäßig erfolgen. Der Schwindvorgang setzt an der Oberfläche ein, das Verkürzen wirkt sich nach unten geringer aus. Durch dieses unterschiedliche Schwinden ergibt sich eine Aufwölbung der Betonplatte an den Rändern. Die Auswirkung ist ähnlich wie beim Abkühlen der Betonoberfläche.

Gleichmäßiges Schwinden

Da das Schwinden ein langwieriger Prozeß ist und nach unten weiter fortschreitet, ist im Laufe der Zeit auch der untere Bereich der Betonplatte dem Schwinden ausgesetzt. Der Anteil des gleichmäßigen Schwindens bewirkt eine Verkürzung der Betonplatte in ähnlicher Weise, wie es ein gleichmäßiges Abkühlen bewirkt. Beide Vorgänge überlagern sich gegebenenfalls. Da jedoch die Verkürzungen der Betonplatte nur durch die Reibungskräfte auf der Unterlage behindert werden, sind die entstehenden Zugspannungen nur hiervon abhängig. Das bedeutet, daß sich bei langfristig wirkenden Belastungen und großen Fugenabständen Gleitfolien zwischen Betonplatte und Tragschicht günstig auswirken (s. Abschnitt 3.3).

Um Schwindverformungen zu begrenzen, ist ein schwindarmer Beton zu verwenden. Als schwindarm kann ein Beton bezeichnet werden, wenn sein Zementleimgehalt begrenzt wird. Zu empfehlen ist ein Zementleimgehalt, der sich aus dem Volumen von Zement und Wasser ergibt, von 280 l/m³, bei Verwendung von Flugasche von 290 l/m³. Dieses sollte in der Leistungsbeschreibung festgelegt werden.

Beispiele für Betonzusammensetzungen mit begrenztem Zementleimgehalt sind in Tafel 5.3 aufgeführt.

2.1 Mechanische Beanspruchungen

Die Oberflächen von Betonböden werden auf verschiedene Weise beansprucht. In DIN 1045 „Beton und Stahlbeton“ Abschnitt 6.5.7.6 heißt es hierzu:
„Beton, der besonders starker mechanischer Beanspruchung ausgesetzt wird, z.B. durch starken Verkehr, durch rutschendes Schüttgut, durch häufige Stöße oder durch Bewegung von schweren Gegenständen u.a. muß einen hohen Verschleißwiderstand aufweisen und mindestens der Festigkeitsklasse B 35 entsprechen ...“

„Der Betonzuschlag bis 4 mm Korngröße muß überwiegend aus Quarz oder aus Stoffen mindestens gleicher Härte bestehen, das gröbere Korn aus Gestein oder künstlichen Stoffen mit hohem Verschleißwiderstand (siehe auch DIN 52 100). Bei besonders hoher Beanspruchung sind Hartstoffe zu verwenden ...“.

In DIN 52 100 „Prüfung von Naturstein" sind Werte für den Verschleißwiderstand von Naturstein angegeben. In DIN 1100 „Hartstoffe für zementgebundene Hartstoffestriche" werden Werte für den zulässigen Schleifverschleiß am Estrichmörtel aus Hartstoffen genannt, geprüft nach DIN 52 108 (Tafel 2.3).

Die mechanische Beanspruchung der Oberfläche erfolgt meist kombiniert schleifend, rollend und durch Stoß oder Schlag.

Tafel 2.3: Abnutzung durch Schleifen [geprüft nach DIN 52 108]

Gesteinsgruppen (nach DIN 52 100)	Abnutzung des Natursteins durch Schleifen (ohne Bindemittel) Verlust in $cm^3/50\ cm^2$	
Erstarrungssteine		
Granit, Syenit, Diorit Grabbo, Quarzporphyr	5 bis 8	
Diabas	5 bis 8	
Basalt, Melaphyr	5 bis 8,5	
Basaltlava	12 bis 15	
Schichtgesteine		
Quarzit, Grauwacke	7 bis 8	
quarzistischer Sandstein	7 bis 8	
sonstiger Quarzsandstein	10 bis 14	
dichter (fester) Kalkstein u. Dolomit	15 bis 40	
Metamorphe Gesteine		
Gneis, Granulit	4 bis 10	
Amphibolit	6 bis 12	
Serpentin	8 bis 18	
Hartstoffgruppen (nach DIN 1100)	Zulässiger Schleifverschleiß des Hartstoffestrichs mit Zement nach DIN 18 560 T 7 in $cm^3/50\ cm^2$	
	Einzelwert	Mittelwert
A (Allgemein) Naturstein und/oder dichte Schlacke oder Gemische davon mit Stoffen der Gruppen M und KS	≤ 7	≤ 6
M (Metall)	≤ 4	≤ 3
KS (Elektrokorund und Siliciumkarbid)	≤ 2	≤ 1,5

Sinnvollerweise wäre entsprechend der überwiegenden Beanspruchung des Betonbodens zu unterscheiden nach

- Schleifverschleiß,
- Rollverschleiß,
- Stoßverschleiß.

Harte Stoffe erhöhen die Widerstandsfähigkeit gegen Schleifverschleiß. „Zähe" Stoffe erhöhen die Widerstandsfähigkeit gegen Roll- und Stoßverschleiß.

Entscheidend für die gesamte Widerstandsfähigkeit ist außer der Festigkeit der verwendeten Zuschläge auch deren Korngröße und der Mörtelanteil im Beton. Zementstein hat eine geringere Widerstandsfähigkeit gegen mechanische Beanspruchung als Hartstein-Zuschlag. Betone mit niedrigem Mörtelanteil und gröberen Zuschlägen besitzen daher einen höheren Verschleißwiderstand im Sinne der DIN 1045 Abschn. 6.5.7.6. Bei Hartstoffen beeinflußt auch die Dicke der Hartstoffschicht die Widerstandsfähigkeit.

In den „Technischen Lieferbedingungen für Mineralstoffe im Straßenbau" (eingeführt vom Bundesminister für Verkehr) sind für Splitt und Kies der Korngruppe 8/11 mm Werte für die Widerstandsfähigkeit gegen Schlag genannt (s. Tafel 2.4). Diese „Lieferbedingungen" sind nicht bindend für Betonböden in Hallen. Die Werte können aber einen

Tafel 2.4: Widerstandsfähigkeit von Splitt und Kies gegen Schlag [nach TL Min-StB]

Mineralstoffgruppe	Widerstandsfähigkeit gegen Schlag von Splitt und Kies[1] $SZ_{8/11}$ in Masse-%
Basalt, Melaphyr	9 bis 20
Diabas	9 bis 20
Diorit, Grabbo	10 bis 20
Quarzporphyr, Porphyrit, Andesit	11 bis 23
Gneis, Granulit, Amphibolit	12 bis 27
Granit, Syenit	12 bis 27
Quarzit, Grauwacke	12 bis 27
quarzitischer Sandstein	12 bis 17
Kalkstein, Dolomit	17 bis 28
Kies, gebrochen	14 bis 25
Kies, rund	17 bis 34
Hochofenstückschlacke HOS-A	18 bis 25
Metallhüttenschlacke MHS-1	18 bis 25

[1] Die Widerstandsfähigkeit gegen Schlag ist um so größer, je kleiner der Wert ist.

Hinweis für die Auswahl des zu verwendenden Zuschlags geben. Beim Aufbringen einer Hartstoffschicht hat die Druckfestigkeit des Zuschlags im Beton keine Bedeutung für den Verschleißwiderstand der Betonoberfläche.

Eine Einstufung der mechanischen Beanspruchung von Oberflächen kann in vier Bereiche erfolgen, und zwar in Abhängigkeit von der Nutzung des Betonbodens (Tafel 2.5). Damit ist ein Anhalt für die erforderlichen Maßnahmen bei der Planung gegeben.

Die Einstufung der Beanspruchungsart in einen der entsprechenden Bereiche bedeutet, daß der Betonboden für diese Verschleißbeanspruchung

Tafel 2.5: Beispiele für die Zuordnung der Betonfestigkeitsklasse zur Beanspruchungsart von Betonböden [nach Lohmeyer]

Bereich	Art der Beanspruchung	Größe der Beanspruchung
1	Ausstellungs- und Verkaufsräume Kunstoffindustrie (leicht) Gummiindustrie (leicht) Feinmechanische Betriebe Textilherstellung und -verarbeitung Wäschereien, Färbereien	geringer Fahrverkehr weiche Reifen $Q \leq 20$ kN, Reifendruck ≤ 3 bar
2	Flugzeugabstellhallen Gummiindustrie (schwer) Holzverarbeitungsindustrie Möbelindustrie Papierherstellung Parkhäuser, Tiefgaragen	Gabelstaplerverkehr Luftreifen $Q \leq 40$ kN, Reifendruck ≤ 6 bar
3	Flugzeugwartungshallen Kfz-Reparaturbetriebe (Pkw und Transporter) Metallverarbeitung (spanabhebend) Stahlbaubetriebe Verladerampen Werkzeug- und Maschinenfabriken	Gabelstaplerverkehr schwer $Q \leq 80$ kN, Reifendruck ≤ 10 bar; Vollgummireifen $p \leq 2{,}0$ N/mm^2
4	Metallverarbeitung (Schwerbetriebe) Schwerindustrie Kfz-Reparaturbetriebe (Lkw und Schwerfahrzeuge)	Gabelstaplerverkehr sehr schwer $Q > 80$ kN, $p \leq 2{,}0$ N/mm^2; Polyurethanreifen $p \leq 4{,}0$ N/mm^2

Q = Radlast;
p = Kontaktpressung

ausgestattet sein muß. Die dazu erforderlichen betontechnologischen Maßnahmen sind in Tafel 3.5 zusammengestellt.

2.5 Frostbeanspruchungen

Für Betonböden im Freien muß ein frostsicherer Unterbau vorhanden sein (Abschn. 3. 1). Es ist eine kapillarbrechende Schicht gegen aufsteigende Feuchtigkeit erforderlich (Abschn. 3.2).

Bei Betonböden im Freien und bei Hallenböden, die an das Freie anschließen (z.B. im Torbereich), ist stets Beton mit hohem Frostwiderstand vorzusehen, und zwar unter Verwendung von Betonzuschlägen eF (DIN 1045 Abschn. 6.5.7.3).

Betonflächen, auf denen außerdem Tausalz gestreut wird oder wo Tausalz durch Fahrzeuge von angrenzenden Flächen eingeschleppt wird, müssen aus Beton mit hohem Frost und Tausalzwiderstand hergestellt werden. Dazu gehören Betonzuschläge eFT nach DIN 4226 sowie künstliche Luftporen im Zementstein durch Luftporenbildner LP (DIN 1045 Abschn. 6.5.7.4). Für Flächen, die erst im Spätherbst fertiggestellt werden, ist eine hydrophobierende Imprägnierung als Oberflächenschutz erforderlich (s. Abschn. 11.3).

Weitere Angaben zur Zusammensetzung des Betons enthält Abschnitt 5.

2.6 Chemische Beanspruchungen

In Industrie-, Produktions- und Lagerbetrieben treten ggf. verschiedene Stoffe auf, die den Beton chemisch angreifen, die aber den Beton oder die Fugen auch durchdringen können. Die dabei auftretenden Probleme in bezug auf Beeinträchtigung des Bodens und des Grundwassers werden hier nicht behandelt [35, 51].

In der chemischen Industrie ist besondere Vorsicht geboten. So ist z.B. in Zellstoffwerken, Galvanisieranstalten und Beizereien mit Mineralsäuren und Sulfaten zu rechnen, in Kokereien entstehen Ammoniumsalze und Sulfate. In Düngemittel-Lagerhallen wirken Sulfate betonangreifend. In Zucker-, Papier-, Farben-, Weinessig- und Konservenfabriken, Brennereien, Gerbereien, Molkereien, Käsereien und Anlagen zur Grünfutterherstellung entstehen im wesentlichen organische Säuren, u.a. Ameisen-, Essig-, Milch- und Buttersäure.

Der chemische Angriff und die erforderlichen Gegenmaßnahmen sind im Einzelfall abzuklären.

Einen wesentlichen Einfluß auf die Größe der chemischen Beanspruchung die Einwirkungsdauer. Folgende Unterschiede sind daher besonders zu berücksichtigen:

- ❑ regelmäßige und dauernde Beaufschlagung durch angreifende Stoffe,
- ❑ zeitlich befristete Einwirkung in besonderen Situationen, z.B. bei unplanmäßig ablaufenden Arbeits-, Lagerungs- oder Umfüllvorgängen.

Der chemische Angriff auf Beton wird im wesentlichen durch Sulfate und Säuren hervorgerufen. Anorganische Säuren bewirken meistens einen starken Angriff auf Beton.

Organische Säuren wirken im allgemeinen weniger stark oder sind nur schwach angreifend. Säurehaltige oder säurebildende organische Substanzen, wie Abfälle in der Konservenindustrie oder Fruchtsäfte, Sauermilch und Silagen, führen meistens zu schwachen Angriffen. Manche organische Säuren bilden sogar Schutzschichten, z.B. Oxalsäure.

Die meisten Ammoniumsalze führen zu Auslaugungen des Betons; Ammoniak greift den Beton jedoch nicht an.

Tierische oder pflanzliche Fette und Öle haben ein schwaches Angriffsvermögen, das bei Beton der Festigkeitsklassen B 25 und darüber vernachlässigt werden kann.

Mineralöle und -fette zerstören den Beton nicht. Steinkohlen-Teeröle sind so schwach angreifend, daß dieser Angriff bei Beton $\geq$ B 35 ebenfalls zu vernachlässigen ist.

Bei starkem chemischem Angriff durch Säuren und/oder Sulfate muß wasserundurchlässiger Beton mit hohem Widerstand gegen starken chemischen Angriff verwendet werden. Die Wassereindringtiefe nach DIN 1048 darf 30 mm nicht überschreiten. Der Beton muß einen Wasserzementwert von $w/z \leq 0{,}50$ aufweisen (Tafel 2.7). Bei starkem Sulfatangriff ist außerdem Zement mit hohem Sulfatwiderstand zu verwenden (HS-Zement entsprechend Tafel 2.6).

Bei der Festlegung des Angriffsgrades in DIN 1045 und DIN 4030 wurde davon ausgegangen, daß diese angreifenden Stoffe in Wasser gelöst sind und auf den Beton einwirken. Ohne Feuchtigkeitseinfluß kann es nicht zu einem chemischen Angriff kommen. Bei gelegentlicher Einwirkung ist der Angriffsgrad entsprechend gemindert.

In Produktions- und Lagerräumen kann beim Umgang mit sehr stark angreifenden und/oder wassergefährdenden Stoffen ein Oberflächenschutz der Betonböden erforderlich werden. Unter „Umgang“ ist das Lagern, Abfüllen, Umschlagen, Herstellen, Behandeln oder Verwenden

Tafel 2.6: Grenzwerte zur Beurteilung des Angriffsgrades von Wässern vorwiegend natürlicher Zusammensetzung (DIN 4030 [5])

Untersuchung	Angriffsgrade[1] schwach angreifend	stark angreifend	sehr stark angreifend
pH-Wert	6,5 ... 5,5	5,5 ... 4,5	unter 4,5
kalklösende Kohlensäure (CO_2) mg/l	15 ... 40	40 ... 100	über 100
Ammonium (NH_4^+) mg/l	15 ... 30[3]	30[3] ... 60[4]	über 60[4]
Magnesium (Mg^{2+}) mg/l	300 ... 1000	1000 ... 3000	über 3000
Sulfat[2] (SO_4^{2-}) mg/l	200 ... 600	600 ... 3000	über 3000

[1] Für die Beurteilung des Wassers ist der aus der Tafel entnommene höchste Angriffsgrad maßgebend, auch wenn er nur von einem der Werte der Tafel erreicht wird. Liegen zwei oder mehr Werte im oberen Viertel eines Bereiches (bei pH im unteren Viertel), so erhöht sich der Angriffsgrad um eine Stufe. Diese Erhöhung gilt nicht für Meerwasser.

[2] Bei Sulfatgehalten über 600 Mg SO_4^{2-} je Liter Wasser, ausgenommen Meerwasser, ist ein Zement mit hohem Sulfatwiderstand (HS) zu verwenden.

[3] Nach neueren Untersuchungen Grenzwert schwach/stark 100 mg/l.

[4] Nach neueren Untersuchungen Grenzwert stark/sehr stark 300 mg/l.

Tafel 2.7: Anforderungen an Beton mit hohem Widerstand gegen chemische Angriffe [nach DIN 1045 [1]]

Angriffs-grad	Bau-stelle zugel. für	Sieb-linien-bereich	Mindest-zement-gehalt (kg/m³)	Wasser-zement-wert[1]	Zusätzliche Anforderungen
schwach	B I	A16/B16 A32/B32	370 350	– –	Wassereindring-tiefe ≤ 50 mm
	B II	–	–	w/z ≤ 0,60	
stark	B II	–	–	w/z ≤ 0,50	Wassereindring-tiefe ≤ 30 mm
sehr stark	B II			w/z ≤ 0,50	Wassereindring-tiefe ≤ 30 mm und Schutz des Betons, z.B. Oberflächen-schutzsysteme OS 6, OS 8 oder OS 11 entspr. Tafel 11.1 [34]

[1] Zur Berücksichtigung der Streuungen während der Betonherstellung ist bei der Festlegung der Betonzusammensetzung ein um 0,05 bis 0,03 niedrigerer w/z-Wert zugrunde zu legen.

dieser Stoffe zu verstehen. Für diesen Oberflächenschutz ist DIN 28 052 anzuwenden [12]. Die Richtlinie für Schutz und Instandsetzung von Betonbauteilen [34] ist ebenfalls zu berücksichtigen.

In den meisten Fällen der Praxis wird ein besonderer Schutz des Betons nicht erforderlich sein. Bei der Herstellung ist vor allem auf eine einwandfreie Qualität der Oberfläche zu achten.

3 Konstruktion

Die Regelkonstruktion eines Betonbodens besteht aus Untergrund, Tragschicht und Betonplatte. Durch gemeinsames Tragverhalten werden die einwirkenden Beanspruchungen aufgenommen (s. Bild 1.1). Das Wesentliche der nachfolgend beschriebenen Konstruktion für übliche Betonböden sind:

- ❑ einschichtige Betonplatte,
- ❑ auf Tragschicht,
- ❑ ohne Estrich,
- ❑ ohne Bewehrung,
- ❑ ohne Dehnfugen.

Mit diesen Betonböden sind einschichtige Betonböden aus Ortbeton gemeint, die vollflächig auf einer tragfähigen Unterlage aufliegen. Befahrene Geschoßdecken, z.B. Decken in Industriegebäuden oder Parkdecks, gehören nicht dazu. Die Regelbauweise dieser Betonböden fällt nicht in den Bereich der DIN 1045; Betonböden sind keine Konstruktionen im Sinne dieser Norm. Für die Bemessung und Ausführung von Betonböden muß daher DIN 1045 nicht angewendet werden, denn die Norm gilt nur für tragende und aussteifende Bauteile. Für die Regelbauweise von Betonböden gilt:

- ❑ der Betonboden liegt vollflächig auf einem tragfähigen Untergrund und auf einer durchgehenden Tragschicht,
- ❑ der Betonboden trägt keine anderen Bauteile und steift auch andere Bauteile nicht aus; er ist von anderen Bauteilen durch Raumfugen (Bewegungsfugen) getrennt.

Auch wenn für Betonböden die DIN 1045 nicht angewendet werden muß, ist es dennoch sinnvoll, hierfür Teile dieser Norm heranzuziehen.

Bei besonderen Verhältnissen oder bei sehr hohen Beanspruchungen können weitergehende als die hier beschriebenen Maßnahmen nötig werden. Diese sind im Einzelfall abzuklären.
Ein Ablaufschema für die erforderlichen Maßnahmen zur Festlegung der Konstruktion und zur Bemessung von Betonböden ist in Teil III zu finden (s. Tafel III.1).

Zwischen der Betonplatte und den Konstruktionsteilen der Halle sollen Raumfugen (Bewegungsfugen) eine klare Trennung herbeiführen. Zugkräfte sollen nicht in die Betonplatte eingeleitet werden. Wenn für die Standsicherheit der Halle die Aufnahme von Zugkräften nötig ist, muß eine geeignete Konstruktion (Zugbänder, Zerrplatte) unter dem Hallenfußboden angeordnet werden. Außerdem soll die Betonplatte nicht direkt auf Stützen- und Wandfundamenten aufliegen. Es ist am sichersten, die Fundamente so tief zu legen, daß die Tragschicht in voller Dicke darüber durchläuft (Bild 3.1). Einspannungen der Stützen in der Betonplatte sind ungünstig. Kanäle und Schächte sind ebenfalls von der Betonplatte zu trennen (Bild 3.2).

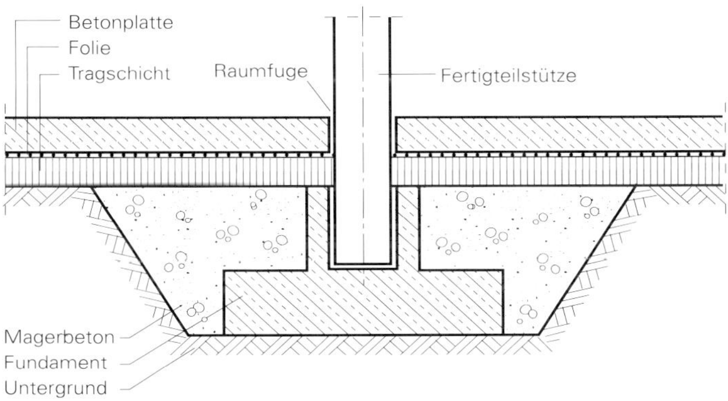

Bild 3.1: Betonplatte und Tragschicht im Bereich eines Stützenfundaments mit Trennung der Stütze von der Betonplatte durch umlaufende Raumfuge

Mit diesen Maßnahmen sollen Zwängungen in der Betonplatte durch Beanspruchungen und Verformungen anderer Bauteile vermieden werden. Außerdem können andersartige Verformungen der Betonplatte keine Zwängungen in den angrenzenden Bauteilen hervorrufen. Die Rißgefahr wird dadurch sehr stark verringert.

3.1 Untergrund

Der vorhandene Baugrund muß zur Aufnahme eines Betonbodens geeignet sein. Der Untergrund trägt zur Funktionsfähigkeit der gesamten Konstruktion entscheidend bei. Er muß verschiedene Bedingungen erfüllen:

- gleichmäßige Zusammensetzung über die gesamte Fläche,
- gute Verdichtbarkeit,
- ausreichende Tragfähigkeit,
- gute Entwässerung und
- ausreichende Frostsicherheit bei Flächen im Freien.

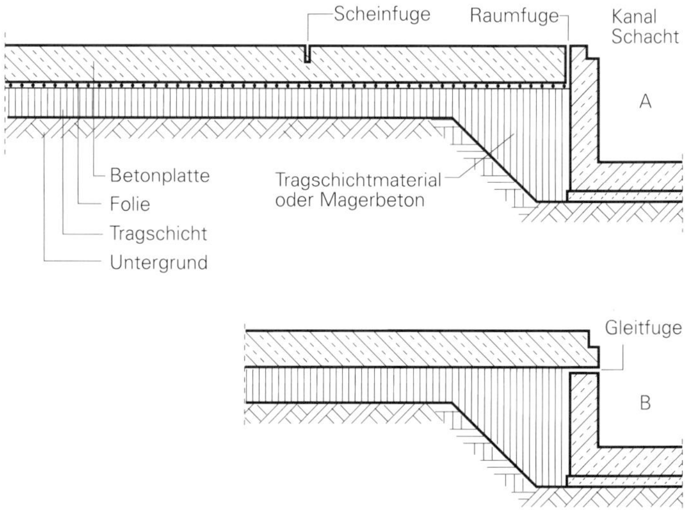

Bild 3.2: Betonplatte und Tragschicht im Bereich von Kanälen und Schächten mit klarer Trennung der Betonplatte von Wänden durch längslaufende Raumfuge (A) oder Gleitfuge (B)

Je nach Größe der als Einzellast wirkenden Belastung des Betonbodens ist ein zugehöriger Verformungsmodul für den Untergrund erforderlich. Dieser Verformungsmodul kann durch einen Lastplattenversuch geprüft werden (Abschn. 13.1). Er wird als E_{v2}-Wert angegeben. Eine Verbesserung des Untergrundes wird für nötig gehalten, wenn der Verformungsmodul des Untergrundes kleiner ist als in Tafel 3.1 angegeben. Hier können auch zusätzliche Tragschichten erhebliche Verbesserungen bringen (s. Abschn. 14.1 Bild 14.2 und Beispiel 4).

Tafel 3.1: Erforderlicher Verformungsmodul des Untergrundes und der Tragschicht unter Betonplatten [nach Lohmeyer]

Belastung max. Einzellast Q in kN (t)	Verformungsmodul E_{v2} in N/mm² bzw. MN/m² [1]	
	des Untergrundes	der Tragschicht
≤ 32,5 (≤ 3,25)	≥ 30	≥ 80
≤ 60 (≤ 6,0)	≥ 45	≥ 100
≤ 100 (≤ 10,0)	≥ 60	≥ 120
≤ 150 (≤ 15,0)	≥ 80	≥ 150

[1] Bedingung: $E_{v2}/E_{v1} \leq 2{,}5$

In bestimmten Fällen ist daher eine Verbesserung des Untergrundes (z.B. Bodenverfestigung) notwendig bzw. eine Ergänzung oder ein Austausch gegen geeignetes Material (z.B. Kiessand, Schotter, Hochofenschlacke) erforderlich. Entsprechend der Bedeutung einer Baumaßnahme und der Beanspruchung eines Betonbodens kann es erforderlich sein, eine genauere Untersuchung des Baugrundes durch ein Erd- und Grundbauinstitut durchführen zu lassen [32].

Im Bereich von Aufschüttungen (Rohrleitungen, Fundamente) ist die Gefahr unterschiedlicher Setzungen besonders groß. Manchmal ist eine einwandfreie maschinelle Verdichtung nicht möglich. Eventuell muß befürchtet werden, daß bei intensiver Verdichtung die Rohrleitungen oder andere Einbauten beschädigt werden. In diesen oder ähnlichen Fällen ist es sinnvoll, ein Sand-, Kies- oder Schottergemisch mit hydraulischen Bindemitteln oder Magerbeton einzubauen (s. Abschn. 4.3.4 bis 4.3.7).

Untergrund für Betonböden im Freien

Der gesamte Aufbau eines Betonbodens im Freien muß frostsicher sein. Die erforderliche Dicke des frostsicheren Aufbaues beträgt ab Oberkante Betonplatte mindestens

- 60 cm bei üblichen Baugrundverhältnissen und normalen Beanspruchungen,
- 80 cm bei ungünstigen Grundwasserverhältnissen und kalten Klima zonen [21].

Entsprechend tief muß der Untergrund bei frostempfindlichen Bodenarten (z.B. ton- und schluffhaltigen Böden) gegen nicht frostempfindliches Material (z.B. Kies) ausgetauscht werden. Bei Einbau einer Wärmedämmschicht (s. Abschnitt 3.2.7) kann die Dicke der Frostschutzschicht verringert werden.

Eine mindestens 15 cm dicke kapillarbrechende Schicht gegen aufsteigende Feuchtigkeit ist für Betonböden im Freien stets erforderlich. Diese Frostschutzschicht kann auf die Dicke der erforderlichen Tragschicht angerechnet werden (s. Abschnitt 3.2). Bei bindigem oder sehr feinkörnigem Untergrund ist unbedingt zu klären, in welcher Weise das Niederschlagswasser abgeführt werden kann. Es kann ein Filtervlies oder eine Dränung erforderlich werden (s. Abschnitt 4.1).

Untergrund für Betonböden in Hallen

Unter Betonplatten in Hallen ist eine kapillarbrechende Schicht gegen aufsteigende Feuchte in folgenden Fällen erforderlich:

- ungünstige Grundwasserverhältnisse,
- Beschichtung auf der Betonplatte,
- Lagerung feuchteempfindlicher Güter.

Grundwasser, Schichtenwasser und Sickerwasser sind durch Dränrohrleitungen abzuführen, die die Halle umschließen (s. Abschn. 4.1). Ein Filtervlies zwischen Untergrund und Tragschicht kann wertvolle Dienste leisten.

3.2 Tragschichten

Damit eine ausreichende Tragfähigkeit des Betonbodens entstehen kann, ist der Einbau einer Tragschicht von bestimmter Dicke auf dem verdichteten Untergrund erforderlich, wenn dieser Untergrund nicht selbst ausreichend tragfähig ist.

Bei ungünstigen Bodenverhältnissen kann unter der Tragschicht ein Filtervlies verlegt werden. Hierdurch wird eine bessere Entwässerung erreicht, wenn das Wasser seitlich abgeleitet werden kann. Außerdem verhindert das Filtervlies ein Durchmischen von Untergrund und Frostschutzmaterial. Es erhöht zusätzlich die Tragfähigkeit, da die Zugfestigkeit des Filtervlieses recht groß ist.

Die Tragschicht muß stets maschinell mit Walzen oder schweren Rüttelplatten verdichtet werden. Die Überprüfung der erreichten Verdichtung ist besonders wichtig. Einfache Baustellenverfahren können eine wertvolle Hilfe zur Feststellung der erreichten Verdichtung sein. Hierzu dient die Prüfung durch Befahren mit Lkw oder die Prüfung durch Nivellieren (s. Abschnitt 13.1).

Genauere Prüfungen können durchgeführt werden, wenn ein Erd- und Grundbauinstitut eingeschaltet wird [32]. Je nach Belastung des Betonbodens ist ein bestimmter Verformungsmodul E_{v2} für die Tragschicht mindestens erforderlich. Er kann Tafel 3.1 entnommen werden.

Sowohl der vorhandene Untergrund als auch die eingebaute Tragschicht müssen gut verdichtet sein. Eine ausreichende Verdichtung und genügende Tragfähigkeit ist dann vorhanden, wenn für den Untergrund und für die Tragschicht ein Verformungsmodul E_{v2} nach Tafel 3.1 nachgewiesen wurde und das Verhältnis von $E_{v2}/E_{v1} \leq 2{,}5$ beträgt (s. Abschn. 13.1).

In Bereichen von Aufschüttungen (Schächte, Kanäle, Fundamente) wird häufig keine einwandfreie Verdichtung erreicht. Hier ist es besser, Sandbeton B 5 oder Magerbeton B 10 einzubauen.

Da die Belastbarkeit einer Tragschicht im wesentlichen von dem Tragschichtmaterial und ihrer Dicke abhängig ist, kann auch ein anderes Material verwendet werden, wenn es in entsprechend anderer Dicke eingebaut wird. Es ist also eine Wahl des Tragschichtmaterials durchaus möglich, je nachdem, welche Art von Sand, Kies oder Schotter auf wirtschaftliche Weise beschafft werden kann (s. Teil III Abschnitt 14 „Bemessung der Tragschicht").

Art und Dicke der Tragschicht müssen auf die Belastung abgestimmt sein. Maßgebend hierfür ist die maximale Einzellast, die bei der Nutzung des Betonbodens wirksam wird.

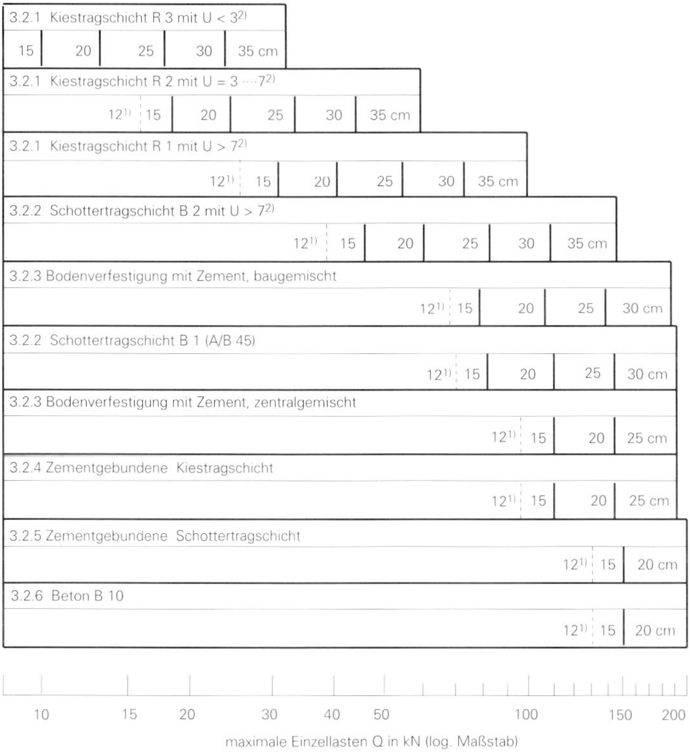

Tafel 3.2: Bemessung der Tragschicht durch Angabe der Tragschichtdicke in cm, abhängig von der maximalen Einzellast Q (Voraussetzung: E_{v2}-Werte nach Tafel 3.1) [nach Lohmeyer]

[1)] Geplante Mindestdicke der Tragschicht 15 cm; tatsächlich ausgeführte Dicke der Tragschicht auch an der ungünstigsten Stelle durch Baustellen-Ungenauigkeiten nicht weniger als 12 cm.

[2)] Die Kornzusammensetzung wird durch die Ungleichförmigkeitszahl U gekennzeichnet. Sie errechnet sich aus dem Verhältnis der Korngrößen des Siebdurchganges d_{60} bei 60 M.-% und d_{10} bei 10 M.-% des gesamten Siebgutes: $U = d_{60}/d_{10}$. Erklärung für die Bezeichnungen R 1, R 2 und R 3 sowie B 1 und B 2 siehe Abschn. 3.2.1 und 3.2.2.

Die Wahl einer geeigneten Tragschicht mit der zugehörigen Dicke kann nach Tafel 3.2 erfolgen. Voraussetzung für die Anwendung von Tafel 3.2 ist, daß die E_{v2}-Werte nach Tafel 3.1 erreicht werden und das Verhältnis von $E_{v2}/E_{v1} \leq 2{,}5$ ist.

Die Tragschicht soll in einer Dicke von mindestens 15 cm geplant werden. Die tatsächlich eingebaute Mindestdicke darf an der ungünstigsten Stelle, z.B. durch Baustellen-Ungenauigkeiten, nicht weniger als 12 cm betragen.

Ebenheitstoleranzen in der Oberfläche oder eine ungenaue Höhenlage der Tragschicht dürfen sich nicht auf eine Verringerung der erforderlichen Plattendicke auswirken.

Üblicherweise werden Tragschichten in Dicken von 15 bis 25 cm entsprechend Tafel 3.2 hergestellt. Tragschichten erhalten normalerweise keine Fugen. Sie sind nur erforderlich bei gebundenen Tragschichten mit Festigkeiten über 10 N/mm^2.

Beispiele für die erforderliche Tragschichtdicke sind in Tafel 3.3 zusammengestellt.

Tragschichten für Betonböden im Freien

Bei Betonböden im Freien ist eine Frostschutzschicht stets erforderlich, wenn der anstehende Untergrund nicht in ausreichender Tiefe frostsicher ist. Eine Frostschutzschicht verbessert die Tragfähigkeit des gesamten Betonbodens. Sie kann daher auf die Tragschicht angerechnet werden.

Die Dicke ist abhängig von der:
- Frostempfindlichkeit des Bodens (s. Abschnitt 3.1),
- Feuchtigkeit im Untergrund,
- Belastung.

Die für die Belastung erforderliche Dicke der Tragschicht kann Tafel 3.2 entnommen werden. Voraussetzung: Die E_{v2}-Werte der Tafel 3.1 müssen vorhanden sein.

Tafel 3.3: Beispiele von Tragschichten für Betonböden bei verschiedenen Belastungen (Beispiele aus Tafel 3.2)

max. Einzellast Q in kN	Art der Tragschicht	Dicke der Tragschicht d_T in cm
10	Nichtbindiger Boden Untergrund ggf. frostsicher	–
20	Kiestragschicht R2	20
30	Kiestragschicht R1	15
50	Schottertragschicht B2	20
80	Bodenverfestigung im Baumischverfahren	15
100	Bodenverfestigung im Zentralmischverfahren	15

Tragschichten für Betonböden in Hallen

Die Dicke der Tragschicht wird bei Betonböden in Hallen meistens nur von der Belastung abhängig sein. Die Bemessung kann dann direkt nach Tafel 3.2 erfolgen. Die E_{v2}-Werte der Tafel 3.1 sind zu beachten.

Wichtig ist jedoch, daß diese Tragschicht auf der gesamten Fläche in der gewählten Dicke vorhanden ist und nicht geschwächt wird. Fundamente sollen entsprechend tief liegen, damit die Tragschicht in der erforderlichen Dicke vorhanden ist.

3.2.1

Kiestragschichten

Kiestragschichten [22 und 30] bestehen aus hohlraumarmen, korngestuften Kies-Sand-Gemischen der Körnung 0/32 mm oder 0/63 mm. Man nennt diese Gemische auch Rundkorngemische R 1, R 2 oder R 3. Sie haben je nach Kornzusammensetzung unterschiedliche Tragfähigkeiten [30]. Rundkorngemische mit gut geeigneter Kornverteilung ($U > 7$) haben die Bezeichnung „Rundkorngemisch R 1“. Sie lassen sich gut verdichten. Kies-Sand-Gemische mit gut brauchbarer Kornverteilung ($U = 3 ... 7$) werden als „Rundkorngemisch R 2“ bezeichnet. Kies-Sand-Gemische mit weniger geeigneter Kornverteilung ($U < 3$) und geringerer Tragfähigkeit nennt man „Rundkorngemisch R 3“. Wegen ihrer gleichförmigen Kornverteilung lassen sie sich schlecht verdichten (s. Tafel 3.2 und Abschn. 4.3.2).

3.2.2

Schottertragschichten

Schottertragschichten [22 und 30] bestehen aus hohlraumarmen, korngestuften Schotter-Splitt-Sand-Gemischen der Körnung 0/32, 0/45 oder 0/63 mm. Man nennt diese Gemische auch Brechkorngemische B 1 und B 2 oder Mineralgemische. Da die Tragfähigkeit nicht nur von der Kornverteilung, sondern auch von dem Anteil bruchflächiger Körner abhängig ist, haben Brechkorngemische größere Tragfähigkeiten als Rundkorngemische. Bei sehr günstiger Kornverteilung (Sieblinie A/B 32 oder A/B 45) wird das Schottermaterial oder Mineralgemisch als „Brechkorngemisch B 1“ bezeichnet. Bei gut geeigneter Kornverteilung ($U > 7$) erhalten sie die Bezeichnung „Brechkorngemisch B 2“ (s. Tafel 3.2 und Abschn. 4.3.3).

3.2.3

Bodenverfestigungen mit hydraulischen Bindemitteln

Geeignete Sand- oder Kiesböden können durch Einmischen von Zement oder anderen hydraulischen Bindemitteln verfestigt werden [22]. Das Besondere der Bodenverfestigung ist, daß hierzu keine bestimmte Kornzusammensetzung des zu verfestigenden Materials nötig ist. Je nach Art des Einmischens sind die Tragfähigkeiten unterschiedlich (s. Tafel 3.2).

Im *Baumischverfahren* hergestellte Bodenverfestigungen haben fast die gleiche Tragfähigkeit wie eine Schottertragschicht B 1. Für die Herstellung der Bodenverfestigung wird auf den vorhandenen Boden das Bindemittel aufgestreut. Danach fährt das Mischgerät über die Fläche und reißt den Boden auf, zerkleinert ihn und mischt das aufgestreute Bindemittel in den Boden ein, wobei erforderlichenfalls Wasser zugefügt wird.

Im *Zentralmischverfahren* hergestellte Bodenverfestigungen haben eine höhere Tragfähigkeit. Sie entspricht einer 5 cm dickeren Tragschicht B 1 (s. Tafel 3.2). Hierfür wird der Boden bzw. der für die Verfestigung vorgesehene Kiessand mit dem Bindemittel und dem noch erforderlichen Wasser in Mischanlagen gemischt und in Fahrzeugen antransportiert.

3.2.4 Kiestragschichten mit hydraulischen Bindemitteln

Dieses sind Tragschichten aus Rundkorngemischen, die durch Zement oder ein anderes hydraulisches Bindemittel (z.B. Tragschichtbinder nach DIN 18 506) gebunden werden [22 und 30]. Es wird dadurch eine größere Tragfähigkeit als bei ungebundenen Tragschichten erreicht, die etwa einer Bodenverfestigung im Zentralmischverfahren oder einer 5 cm dickeren Tragschicht B 1 entspricht. Kiestragschichten mit hydraulischen Bindemitteln werden nur bei hohen Lasten eingebaut (s. Tafel 3.2). Die Kornzusammensetzung sollte Bild 7.5 entsprechen.

3.2.5 Schottertragschichten mit hydraulischen Bindemitteln

Tragschichten aus Brechkorngemischen [22 und 30], die durch Zement oder ein anderes hydraulisches Bindemittel (z.B. Tragschichtbinder nach DIN 18 506) gebunden werden, haben sehr hohe Tragfähigkeiten. Sie werden immer dann in Frage kommen, wenn bei sehr hohen Belastungen auch hohe Anforderungen an die sichere Lage der Betonplatte gestelltwerden (s. Tafel 3.2). Die Kornzusammensetzung sollte Bild 7.5entsprechen.

3.2.6 Betontragschichten

Als Betontragschicht kann ein Beton der Festigkeitsklasse B 10 nach DIN 1045 zur Ausführung kommen [1]. Die Tragfähigkeit ist einer Schottertragschicht mit hydraulischen Bindemitteln gleichzusetzen. Eine Betontragschicht wird also nur für sehr hohe Belastungen gebraucht. Sie kann als Walzbeton eingebaut werden (Abschn. 3.4.5 und 4.3.7).

Bei Festigkeiten, die über 20 N/m^2 hinausgehen, sind Fugen in der Tragschicht erforderlich. Sie sollen unter den Fugen in der Betonplatte liegen.

3.2.7 Wärmedämmschichten

Bei Betonböden in beheizten Hallen kann eine Wärmedämmung erforderlich werden, und zwar aus betrieblichen, wirtschaftlichen oder wärmeschutztechnischen Gründen. Die Dämmfähigkeit des normalen Betons ist unbedeutend, denn seine Wärmeleitfähigkeit ist sehr groß: $\lambda_R = 2{,}1$ W/(m · K). Nach der Wärmeschutzverordnung ist der Jahres-Heizwärmebedarf zu begrenzen:

- Für Hallen mit *normalen* Innentemperaturen ≥ 19 °C wird in der Regel eine Wärmedämmung des Hallenfußbodens erforderlich sein, wenn darüber Aufenthaltsräume oder ähnlich genutzte Räume liegen. Für den Nachweis des Jahres-Heizwärmebedarfs ist bei der Berechnung des Transmissionswärmeverlustes Q_T nach unten gegen den Grund mit einem Reduktionsfaktor $f_G = 0{,}5$ zu berechnen. Der Wärmedurchgangskoeffizient k_G braucht nicht größer als 2,0 W/(m² · K) angesetzt zu werden:

$$Q_{T,G} = 84 \cdot f_G \cdot k_G \cdot A_G = 84 \cdot 0{,}5 \cdot 2{,}0 \cdot A_G = 84\,A_G \text{ [kWh/a]}$$

- ❑ Bei Hallen mit *niedrigen* Temperaturen zwischen 12 °C und 19 °C ist für wärmegedämmte Hallenfußböden ebenfalls mit dem Reduktionsfaktor $f_G = 0{,}5$ zu rechnen. Bei ungedämmten Hallenfußböden mit über 100 m² Grundfläche kann mit einem geringeren Reduktionsfaktor gerechnet werden. Er fällt bei Flächen über 8 000 m² auf $f_G = 0{,}12$ ab. Das bedeutet, daß eine Wärmedämmung des Fußbodens in Hallen mit niedrigen Temperaturen zwischen 12 °C und 19 °C in der Regel nicht erforderlich ist, wie z.B. bei Arbeitsstätten mit nicht vorwiegend sitzender Tätigkeit.
- ❑ Für Hallen mit *Fußbodenheizungen* darf der Wärmedurchgangskoeffizient der Bauteilschichten zwischen Heizfläche und Erdreich den Wert $k_G \leq 0{,}35$ W/(m² · K) nicht überschreiten.

Geeignet sind wegen der erforderlichen Druckfestigkeit z.B. folgende Dämmschichten:

- ❑ *Polystyrol-Extruderschaumplatten* nach
  DIN 18164 - XPS 500-040-B1:
  Druckfestigkeit $\beta \geq 0{,}1$ N/mm² für Dauerlasten bei einer Stauchung < 2%,
  Rohdichte $\rho \geq 30$ kg/m³, Wärmeleitfähigkeit $\lambda_R = 0{,}04$ W/(m · K),
- ❑ Schaumglas nach DIN 18174 - WDH-060-A 1:
  Druckfestigkeit $\beta_D = 0{,}7$ N/mm²,
  Rohdichte $\rho = 135$ kg/m³, Wärmeleitfähigkeit $\lambda_R = 0{,}06$ W/(m · K).

Die erforderliche Dämmschichtdicke ist abhängig vom verwendeten Dämmaterial sowie von dem im Einzelfall einzuhaltenden Wärmedurchgangskoeffizienten nach DIN 4108 oder nach der Wärmeschutzverordnung WSVO.

Der Schichtenaufbau, der sich bei Wärmedämmschichten insgesamt ergibt, ist folgender:

- ❑ Tragschicht nach Tafel 3.2 mit fester (gebundener) Oberfläche oder ungebundene Kies- oder Schottertragschicht
  mit 5 cm Sauberkeitsschicht aus Beton B 10 bzw.
  mit 3 cm Zementestrich ZE 20,
- ❑ Wärmedämmschicht entsprechend DIN 4108 oder WSVO nach Hersteller-Anweisung verlegt,

- ❑ Trennschicht nach Abschn. 3.3,
- ❑ Schutzestrich ZE 20 mind. 3 cm dick,
- ❑ Betonplatte entsprechend besonderer Bemessung (s. Abschn. 14 und 15).

3.3 Trenn- und Gleitschichten

Ungebundene Tragschichten (Kies- und Schottertragschichten) sowie Wärmedämmschichten sollten stets mit einer Trennschicht abgedeckt werden, sofern nicht eine Sauberkeitsschicht für bewehrte Betonplatten erforderlich ist.

Trennschichten können aus einer Lage Kunststoff-Folie, z.B. Polyethylen-Folie ≥ 0,2 mm nach DIN 18195, gebildet werden. Sie sind aus mehreren Gründen erforderlich:
- ❑ das Eindringen von Unterbaumaterial in den Beton kann verhindert werden,
- ❑ das Wegsickern von Wasser aus dem Beton in den Unterbau wird vermieden,
- ❑ die Dampfdiffusion aus dem Unterbau in die Betonplatte wird während der Nutzung behindert.

Gleitschichten sind stets erforderlich bei hohen, langfristig wirkenden Belastungen und bei Fugenabständen L > 8 m. Sie sollten aus zwei Lagen PE-Folie ≥ 0,2 mm hergestellt werden, wenn nicht sogar spezielle Gleitfolien eingesetzt werden.

Die Gleitschicht wird um so wirkungsvoller sein, je ebener sie verlegt und eingebaut wird. Die Gleitschicht bewirkt mehrere Vorteile:
- ❑ Verringerung der Reibungskraft zwischen Beton und Tragschicht,
- ❑ Vermeiden größerer Zugspannungen in der Betonplatte, besonders bei hohen Belastungen, durch langfristig wirkende Lasten,
- ❑ größere zulässige Fugenabstände bei Betonplatten in Hallen.

Bei bewehrten Betonplatten sollte stets die Gleitfolie durch eine Abdeckung gesichert werden, z.B. durch eine 5 cm dicke Sauberkeitsschicht aus Beton B 10 oder einen 3 cm dicken Zementestrich ZE 20.

Bei Scheinfugen kann sich die Gleitschicht nachteilig auswirken. Es kann geschehen, daß sich nicht jede Scheinfuge öffnet, wodurch das sogenannte Paketreißen eintritt. Das bedeutet, daß sich nicht alle Scheinfugen gleichmäßig öffnen, sondern einzelne Scheinfugen sehr weit geöffnet werden, während andere Scheinfugen unverändert bleiben und damit wirkungslos sind.

3.4

Betonplatten

Die Betonplatten sollen möglichst rißfrei bleiben. Da eine übliche Bewehrung das Entstehen von Rissen nicht verhindern kann, sind andere Maßnahmen zum Vermeiden von Rissen erforderlich. Dieses sind im wesentlichen:

- ❑ tragfähiger Unterbau,
- ❑ Beton mit hoher Biegezugfestigkeit,
- ❑ genügend großes Widerstandsmoment der Betonplatte durch ausreichende Plattendicke.

Betonplatten erhalten in der Regel keine Bewehrung, sie werden unbewehrt hergestellt.

Festigkeit und Dicke der Betonplatte sind abhängig von den zu erwartenden Lasten, von den Temperaturbeanspruchungen und ggf. von chemischen oder mechanischen Angriffen auf die Oberfläche.

Beton B 25 üblicher Ausführung ist für Betonböden nicht ausreichend, da bei diesem Beton die Biegezugfestigkeit zu gering ist. Der für Betonböden mit Belastungen bis 20 kN ausreichende Beton B 25 benötigt eine Biegezugfestigkeit von mindestens 4,5 N/mm² (Tafel 3.4).

Beton B 35 bringt bei höheren Belastungen nicht nur eine ausreichende Druckfestigkeit, sondern vor allem eine genügend große Biegezugfestigkeit. Je nach Größe der Belastung soll die Biegezugfestigkeit bei mindestens 5,0 bzw. 5,5 N/mm² liegen (Tafel 3.4). Bei starker mechanischer Beanspruchung kann in Abhängigkeit vom Wasserzementwert des Betons und von den verwendeten Zuschlägen der Schleifverschleiß auf 12 cm³ bzw. 9 cm³ je 50 cm² begrenzt werden (Tafel 3.5). Bei starken chemischen Angriffen ist mindestens Beton B 35 zu wählen, auch wenn die Belastung und die mechanische Beanspruchung gering sind.

Betonböden fallen nicht in den Gültigkeitsbereich der DIN 1045 (Abschn. 1 und 3). Für die Herstellung und Verarbeitung von Beton B 35 sind zwar Eignungsprüfungen durchzuführen, es müssen aber nicht die Bedingungen für Beton B II hinsichtlich Eigenüberwachung und Fremdüberwachung entsprechend DIN 1045 und DIN 1084 berücksichtigt werden.

Beton B 45 wird für sehr hoch belastete und mechanisch sehr stark beanspruchte Betonböden erforderlich. Die Biegezugfestigkeit soll mindestens 6,0 N/mm² betragen (Tafel 3.4). In Abhängigkeit vom Wasserzementwert des Betons und von den verwendeten Zuschlägen sollte der Schleifverschleiß auf 7 cm³ je 50 cm² begrenzt werden (Tafel 3.5 Bereich 4). Auch für diesen Beton ist eine Eigen- und Fremdüberwachung nach DIN 1045 und DIN 1084 nicht erforderlich. Jedoch ist stets eine Eignungsprüfung erforderlich, in der die Biegezugfestigkeit nachzuweisen ist.

Be-reich[2]	max. Belastung (Einzellast, Radlast) Q in kN (t)	Beton-festig-keits-klasse	Güteprüfung		Eignungsprüfung	
			Nenn-festigkeit (kleinster Einzelwert) N/mm²	Serien-festigkeit (Mittelwert jeder Serie) N/mm²	Druck-festigkeit β_{D28} N/mm²	Biegezug-festigkeit β_{BZ} N/mm²
1	10 (1,0)	B 25	25	30	35	4,5
	20 (2,0)					
2	30 (3,0)					5,0
	40 (4,0)					
3	50 (5,0)	B 35	35	40	45	5,5
	60 (6,0)					
	80 (8,0)					
4	100 (10,0)	B 45	45	50	55	6,0

[1] Bei Anwendung dieser Tafel sind die hierzu erforderlichen Voraussetzungen zu beachten (s. Abschnitt 3.4.1).
[2] Beispiele für den Bereich der Beanspruchungsart siehe Tafel 2.5

Betonplatten im Freien sind mindestens aus Beton B 35 herzustellen. Für einen ausreichenden Frost-Tausalzwiderstand sind Luftporenbildner LP zuzusetzen (s. Abschn. 5.2.3 und Tafel 5.2). Das gilt auch für angrenzende Flächen, auf die Fahrzeuge Tausalz einschleppen, wenn dort zeitweise Temperaturen unter 0 °C auftreten können.

Je nach Beanspruchung sind Plattendicken von 14 bis 26 cm möglich, jedoch von 18 bis 22 cm üblich. Die in Tafel 3.4 angegebenen Dicken der Betonplatte sind Mindestdicken, die an jeder Stelle des Betonbodens tatsächlich vorhanden sein müssen. Hinsichtlich der Plattenkonstruktion sind verschiedene Ausführungsarten möglich, die sich aus dem Untergrund und daraus ergeben, ob mit kleinen oder großen Fugenabständen gearbeitet wird.

Bei Betonböden mit Gefälle ist das Gefälle so zu planen, daß die Betonoberfläche mit Rüttelbohlen abgezogen und verdichtet werden kann. Das bedeutet, daß sternförmige Gefälle zu vermeiden sind.

Tafel 3.4: Beispiele für Betonböden bei Verkehrsbelastung[1)] [nach Lohmeyer]

Kornzusammensetzung und Art des Zuschlags	Zementstein w/z-Wert höchstens	Dicke d der Betonplatte (Mindestdicke) cm
Sieblinie A/B 32: Sand 0/2 Kiessand 2/8 Kies 8/32	0,53	14
		16
	0,47	18
		20
Sieblinie A/B 32: Quarzsand 0/2 Quarzkiessand 2/8 Hartsteinsplitt 11/22	0,42	20
		22
		26
Sieblinie A/B 32: Brechsand 0/2 Hartsteinsplitt 5/11 und 11/22; oder Zuschlag und Beton wie Bereich 1 und 2 mit einer Nutzschicht aus Hartstoffen	0,38	26

Betonplatten in Ortbeton sind die übliche Ausführungsart. Hierfür gelten die Abschnitte 3.4.1 bis 3.4.4.

Betonplatten in Fertigteilbauweise bieten in bestimmten Fällen besondere Vorteile (s. Abschnitt 3.4.5).

Nochmaliger Hinweis:
Für die Herstellung und Verarbeitung von Beton B 35 und B 45 ist es nicht erforderlich, eine Eigen- und Fremdüberwachung für Beton B II nach DIN 1045 und DIN 1084 durchzuführen. Da es sich bei Betonböden nicht um tragende oder aussteifende Bauteile im Sinne der DIN 1045 handelt, müssen die Bedingungen der Norm hinsichtlich der Eigen- und Fremdüberwachung nicht angewendet werden.

Wichtig ist allerdings, daß die Arbeiten auf der Baustelle einer gewissenhaften Kontrolle unterzogen werden, und zwar durch den verant-

Tafel 3.5: Beispiele für Betonböden bei Verschleißbeanspruchung[1) [nach Lohmeyer]

Bereich[1)]	Betonfestigkeitsklasse	Zementstein w/z-Wert höchstens	Schleifverschleiß[2)] nach DIN 52 108 $cm^3/50\ cm^2$	Kornzusammensetzung und Art des Zuschlags
1	B 25	0,53	≤ 15	Sieblinie A/B 32: Sand 0/2 Kiessand 2/8 Kies 8/32
2	B 35	0,47	≤ 12	
3	B 35	0,42	≤ 9	Sieblinie A/B 32: Quarzsand 0/2 Quarzkiessand 2/8 Hartsteinsplitt 11/22
4	B 45	0,38	≤ 7	Sieblinie A/B 32: Brechsand 0/2 Hartsteinsplitt 5/11 und 11/22; oder Zuschlag wie Bereich 1 und 2 mit Hartstoffschicht nach DIN 18 560 T 7

1) Beispiele für die Beanspruchungsart siehe Tafel 2.5.

2) Der Schleifverschleiß von Betonoberflächen kann auch durch eine Oberflächenbehandlung (z.B. mit Zweikomponenten-Epoxidharz) stark verringert werden (siehe Tafel 11.1).

wortlichen Bauleiter bzw. den zuständigen Betontechnologen gemeinsam mit dem Polier.

3.4.1 Betonplatten ohne Bewehrung

Betonplatten werden in der Regel nicht bewehrt. Zu einem Betonboden gehört ein tragfähiger Unterbau, der sich aus dem Untergrund und der Tragschicht ergibt. Es wird sich stets als unbefriedigend erweisen, hierauf zu verzichten. Das Bewehren der Betonplatte ist kein Ersatz für eine tragfähige Unterkonstruktion. Schon bei der Planung, aber auch bei der Ausführung, wird häufig gegen diesen Grundsatz verstoßen. Es ist nur dann zweckmäßig und sinnvoll, die Betonplatten zu bewehren, wenn die entstehenden Biegezugspannungen so groß werden, daß sie vom Beton nicht mehr mit ausreichender Sicherheit aufgenommen werden können. Wegen der Bemessung nach Zustand II (gerissene Zugzone) muß mit dem Entstehen von Rissen gerechnet werden.

Bei einem tragfähigen Unterbau und bei üblichen Belastungen ist ein Bewehren der Betonplatte nicht erforderlich. Ohne tragfähigen Unterbau sollte kein Betonboden hergestellt werden.

Die unbewehrte Betonplatte bietet drei Vorteile:
- einlagiger und damit sicherer Betoneinbau,
- schnellere Bauausführung,
- wirtschaftliche Bauweise.

Lastbeanspruchung

Bei einfach beanspruchten Betonböden ist eine genaue Bemessung nicht nötig. Die erforderliche Plattendicke kann nach Tafel 3.4 bei Beachtung folgender Voraussetzungen gewählt werden:
- maximale Belastungen durch Einzellasten (Radlasten, Regallasten) . bis zu $Q \leq 100$ kN (10 t),
- maximale Kontaktpressung unter den Lasten $p \leq 1{,}0$ N/mm² (z.B. Luftreifen),
- einwandfrei verdichtete Tragschicht mit einem Verformungsmodul (E_{v2}-Wert) entsprechend Tafel 3.1,
- Ausbildung des Betonbodens einschl. Fugen nach Abschnitt 3.5,
- einwandfreie Ausführung der gesamten Arbeiten,
- Nachweis der Betonfestigkeit, des Wasserzementwerts und der Plattendicke entsprechend Tafel 3.4.

Ein Betonboden ohne Bewehrung kann frei von Biegezugrissen dauerhaft funktionieren, wenn er unter diesen Bedingungen und nach dieser Bauweise hergestellt wird.

Bei Lastpressungen von $p > 1{,}0$ N/mm² bis $p \leq 2{,}0$ N/mm² (z.B. Vollgummi oder Elastikreifen) ist die Dicke der Betonbodenplatte nach Tafel 3.4 entsprechend zu erhöhen, indem die Dicke mit dem Beiwert $k = \sqrt{p}$ multipliziert wird.

Bei Lastpressungen von $p > 2{,}0$ N/mm² bis zu $p \leq 4{,}0$ N/mm² (z.B. Vollreifen aus Polyurethan) sind besondere Maßnahmen erforderlich, die im Einzelfall durch eine gesonderte Bemessung abzuklären sind (s. Abschn. 15.3).

Bei Lastpressungen von $p > 4{,}0$ N/mm² bis zu $p \leq 7{,}0$ N/mm², bei Einzellasten $Q > 100$ kN (10 t) oder bei anderen ungünstigen Belastungen (z.B. mit Schwingungen oder Erschütterungen) sind genaue Bemessungen nötig (s. Abschn. 15.4).

Bei Lastpressungen $p > 7{,}0$ N/mm² ist eine dauerhafte Funktionsfähigkeit des Betonbodens nicht zu gewährleisten. Diese hohen Lastpressungen sollen daher vermieden werden (s. Abschn. 15.4).

Verschleißbeanspruchung

Für mechanische Beanspruchungen der Betonoberfläche, die sich nach Tafel 2.5 in die angegebenen Bereiche einordnen lassen, kann die Planung des Betonbodens nach Tafel 3.5 erfolgen. Für die angegebenen

Betonfestigkeitsklassen mit zugehörigen Wasserzementwerten, Kornzusammensetzungen und Zuschlagarten kann der jeweils angegebene Grenzwert des Schleifverschleißes eingehalten werden.

3.4.2 Betonplatten mit Mattenbewehrung

Betonplatten müssen normalerweise nicht bewehrt werden. Nur in den Fällen, in denen die zulässige Betonzugspannung überschritten wird, ist Bewehrung erforderlich, und zwar unten und oben in der Betonplatte. Diese Bewehrung kann jedoch Risse in der Betonplatte nur dann verhindern, wenn die Stahldehnung auf $\varepsilon_s \leq 0{,}1$ ‰ begrenzt wird, da die zum Reißen führende Betonbruchdehnung nur $\varepsilon_b \leq 0{,}15$‰ beträgt. Daraus ergibt sich zwangsläufig eine sehr kräftige Bewehrung. Eine Bewehrung zum Vermeiden von Rissen muß wegen des Zusammenwirkens von Beton und Stahl noch umfangreicher sein als die nach DIN 1045 Abschnitt 17.6.2 erforderliche Bewehrung zur Beschränkung der Rißbreite. Beton-dehnung und Stahldehnung müssen in diesem Fall auf etwa 0,1 ‰ begrenzt werden. Das bedeutet, daß die zulässige Stahlspannung nur mit 21 N/mm^2 angesetzt werden darf. Dies ist praktisch nicht machbar.

Die aus überholter Tradition immer noch verwendeten Bewehrungen Q 188 oder Q 221 sollen die Rißsicherheit erhöhen, funktionieren aber nicht. Außerdem können dünne Matten während des Betonierens nicht in ihrer Lage gesichert werden, so daß sie durch Verschieben und Heruntertreten in eine falsche Lage geraten. Die Bewehrung ist meist nicht imstande, die *gesamten* Zugspannungen aufzunehmen, bevor der Beton reißt. Oft stellen diese Bewehrungen nur eine Art „Angstbewehrung" dar. Da diese Bewehrungen wirkungslos sind, kann auch von einem „Stahlbegräbnis" gesprochen werden (s. Abschn. 15.3 und Tafel 15.1). Diese Erkenntnis ist nicht neu und sollte daher in der Fachwelt inzwischen bekannt sein, vor allem aber in der Praxis zum Nutzen des Bauherrn auch Anwendung finden.

Die Bewehrung ist im allgemeinen vor dem Betonieren zu verlegen und durch Abstandhalter und Bindedraht gegen Herunterdrücken und Verschieben zu sichern. Die Sicherung der Matten aus zu dünnen Stäben ist in der Praxis kaum ausführbar. Solche Matten müssen vermieden werden. Betonstahlmatten mit Gewichten unter 5 kg/m^2 (< Q 378) sind daher als völlig unzweckmäßig zu bezeichnen.

Damit sich die Abstandhalter für die untere Bewehrung nicht in die Unterlage eindrücken, ist eine feste Abdeckung der Gleitfolie erforderlich (s. Abschnitt 3.3). Für die obere Bewehrung sind Abstandhalter und Montagebewehrungen vorzusehen.

Die erforderliche Betondeckung der Bewehrung sollte unten mit nom c_v = 3 cm und oben mit nom c_v = 4 cm angenommen werden.

3.4.3 Betonplatten mit Spannstahlbewehrung

Bei besonders beanspruchten Flächen sind Betonplatten mit Spannbewehrung sinnvoller als Betonplatten mit Stabstahl- oder Mattenbewehrung. Solche Flächen können sein:

- Flächen mit großen Fugenabständen,
- stark befahrene Flächen an Toröffnungen in beheizten Hallen,
- Flächen im Bereich der Fahrstraßen für Gabelstapler,
- hochbeanspruchte Flächen, die unbedingt rißfrei bleiben müssen.

Der Vorschlag, eine Spannstahlbewehrung anzuordnen, mag zunächst als sehr aufwendig und teuer erscheinen, muß es aber nicht sein. Oft bringt schon eine geringe Längsvorspannung in beiden Richtungen große Vorteile. Es können hierzu einfache Spannglieder ohne Verbund verwendet werden, die eine Zulassung für Spannbeton nicht benötigen. Sie wirken statisch nicht mit und sollten durch eine leichte Druckvorspannung des Betons (z.B. 0,5 N/mm^2) die Rißgefahr ausschließen.

Hierzu können verwendet werden:

- 7-drähtige Spanndrahtschlitze Nenndurchmesser 12,5 mm bis 15,7 mm aus St 1570/1770 in PE-Ummantelungen mit Korrosionsschutzsystem (z.B. von Trefil-Arbed Köln),
- Dywidag-Einzelspannglied (Monolitze) Ø 15,3 mm aus St 1570/1770 in PE-Mantel mit Korrosionsschutzmasse,
- GEWI-Stähle IV Ø 22 mm (ggf. mit Muffenstößen) in Kunststoff- oder Metallhüllrohren (z.B. von den Stahlwerken Peine-Salzgitter AG).

Bei normalbeanspruchten Flächen, die rißfrei bleiben sollen, ist auch ohne besonderen Korrosionsschutz, d.h. ohne Zementleimauspressung der Hüllrohre, der Einbau dieser Stähle möglich. Es kann durch diese „Spannbewehrung" die Gefahr von Schwind- und Temperaturrissen ausgeschaltet werden [48]. Da diese Rißgefahr in den ersten Monaten am größten ist und danach keine Risse mehr entstehen werden, kann auch die Vorspannkraft im Laufe der Zeit durch Kriechen und Relaxation abgebaut werden. Es ist für diesen Anwendungsfall nicht erforderlich und geradezu fehl am Platze, einen zu großen Aufwand zu treiben.

3.4.4 Betonplatten mit Faserbewehrung

Im Normalfall werden Betonplatten nicht bewehrt. In Sonderfällen kann eine Faserbewehrung gewählt werden. Geeignet hierfür sind Stahlfasern, evtl. auch Kunststoffasern.

Kunststoffasern werden beispielsweise aus Polypropylen oder Polyacrylnitril hergestellt. Diese Fasern sind sehr fein und leicht. Sie können schon in geringen Mengen das Frührißverhalten des Betons günstig beeinflussen. Mengen über 1 kg je m^3 sind erforderlich. Einen Beitrag zur Erhöhung des Tragverhaltens leisten Kunststoffasern nicht.

Stahlfasern bestehen im allgemeinen aus Stahldrähten bis 1 mm Ø und 60 mm Länge, oder es sind gefräste Fasern mit sichelförmigem Querschnitt. Die Oberfläche der Stahldrähte ist glatt oder profiliert. Die Drähte haben zur besseren Verankerung im Beton an den Enden Haken oder Verdickungen, oder sie sind besonders geformt (z.B. Wellen- oder Zickzackform).

Durch Faserbewehrung können weder die Druckfestigkeit noch die Biegezugfestigkeit des Betons wesentlich gesteigert werden, hierfür gibt es wirkungsvollere betontechnologische Maßnahmen. Daher kann durch Faserbewehrung die Plattendicke nicht verringert werden. Faserbewehrung kann auch das Entstehen von Rissen nicht verhindern. Fugen sind trotzdem erforderlich (s. Abschn. 3.5). Von Betonen mit üblichen Stahlfasergehalten unter 40 kg/m^3 und ungünstig geformten Fasern kann nicht erwartet werden, daß eine Begrenzung der Rißbreite möglich ist.

Bei Betonböden kann die Verwendung von Stahlfasern dennoch Vorteile haben. Bei einer hohen Leistungsklasse des Faserbetons kann von einem guten Nachriß-Tragverhalten ausgegangen werden[47, 57]. Erforderlich hierfür sind Fasergehalte von mindestens 40 kg/m^3 mit günstig geformten Fasern, die ein Verhältnis der Faserlänge l_f zum Faserdurchmesser d_f von mindestens 80 haben:

$$\lambda = l_f / d_f \geq 80$$

Bei Berücksichtigung des Nachrißverhaltens ist zu bedenken, daß die Betonplatten in diesem Zustand inzwischen gerissen sind. Ein rißfreier Betonboden kann damit nicht gewährleistet werden. Dieses ist mit dem Auftraggeber bzw. dem Nutzer der Halle zu vereinbaren.

Faserbewehrung kann das Aufwölben an Plattenrändern (Aufschüsseln) nicht verringern (s. Abschn. 15.3.7). Umfangreiche Versuche belegen diesen zunächst unlogisch erscheinenden Sachverhalt.

Einige Stahlfasern reichen mit einem Ende bis an die Betonoberfläche oder liegen flach unter der Oberfläche. Hierdurch kann die Nutzung des Betonbodens beeinträchtigt werden, und es entstehen kleine Rostflekken. Je nach Nutzung der Halle muß die Betonoberfläche mit einer Deckschicht versehen werden. Dieses kann eine Hartstoffschicht nach Abschn. 8.8 oder eine Beschichtung nach Abschn. 11.5 sein.

Für Stahlfaserbeton ist eine Sauberkeitsschicht nicht erforderlich. Bei ungebundenen Tragschichten (Abschn. 3.2.3 bis 3.2.7) sollte aber mindestens eine Trennschicht nach Abschn. 3.3 verlegt werden.

Für das Bemessen von Stahlfaser-Betonböden ist das Merkblatt „Grundlagen zur Bemessung von Industriefußböden aus Stahlfaserbeton" zu beachten [38].

Die Bemessung von Betonplatten kann nach zwei unterschiedlichen Konzepten erfolgen:

- Zustand I, nicht gerissener Beton:
  Berechnung nach der Elastizitätstheorie und
  Nachweis der Aufnahme aller Beanspruchungen durch den ungerissenen Betonquerschnitt über das Widerstandsmoment der Betonplatte und die Biegezugfestigkeit des Betons.
- Zustand II, gerissene Zugzone:
  Berechnung unter Berücksichtigung des Arbeitsvermögens und Nachweis, daß die in den Rissen auftretenden Beanspruchungen den Rechenwert der zu ermittelnden äquivalenten Biegezugfestigkeit nicht überschreiten.

3.4.5 Betonflächen aus Walzbeton

Steifer Beton kann mit Oberflächenrüttlern oder durch Stampfen verdichtet werden. Eine besondere Verdichtungsart für sehr steifen Beton ist das Walzen des Betons.

Anwendungsbereiche für Walzbeton sind z.B.:

- Auffüllungen von Arbeitsräumen, Böschungen o.ä. unter hoch belasteten Flächen, sofern gewalzt werden kann,
- Betontragschichten unter einer Betonplatte (s. Abschn. 3.2.6 und 4.3.7),
- Betonböden für Produktions- und Lagerflächen mit zusätzlichem Belag.

Walzbeton für Betonböden sollte mindestens der Betonfestigkeitsklasse B 25 entsprechen. Übliche Einbaudicken sind 16 bis 20 cm. Voraussetzung für Betonböden aus Walzbeton ist, daß die Fläche einwandfrei gewalzt werden kann. Stützen oder andere Einbauten innerhalb der Fläche (z.B. Kanäle und Schächte) behindern das Walzen und können Minderfestigkeiten des Betons bewirken.

Da Walzbetonflächen keine ausgesprochene Ebenflächigkeit und keinen besonderen Oberflächenschluß erreichen, ist das Aufbringen einer Deckschicht erforderlich. Für Deckschichten haben sich elastisch-plastische Beläge bewährt, z.B. modifizierte Kunstharz-Bitumen-Dispersionen mit Zement als Bindemittel; Deckschichtdicke 10 bis 20 mm. Insofern bestehen Walzbetonböden nicht aus einschichtigen Betonplatten und stellen einen Sonderfall dar.

3.4.6

Betonplatten in Fertigteilbauweise

Als Stahlbetonfertigteile kommen Großflächenplatten in Frage. Diese Großflächenplatten werden in den Standardabmessungen von 2,0 m x 2,0 m hergestellt. Gegenüber der Ortbetonbauweise ist eine Verringerung der Plattendicke bis zu 4 cm möglich, so daß Plattendicken von 12 cm, 14 cm und 16 cm üblich sind. Die Fertigteilplatten werden hergestellt in den Betonfestigkeitsklassen B 45 und B 55 mit einer Hartstoffschicht von 8 bis 10 mm Dicke als Verschleißschicht nach DIN 18 560 Teil 7.

Im Freien können die Großflächenplatten auf der erforderlichen Tragschicht in einem Splittbett verlegt werden. Zur Entwässerung muß die Tragschicht im Gefälle liegen. Die Bettung sollte hohlraumreich sein, sie soll als Dränschicht wirken. Als Bettungsmaterial wird Splitt der Körnung 2/5 mm verwendet. Die Fugen zwischen den Platten sollen etwa 10 mm breit sein. Diese erhalten eine Fugenfüllung aus Splitt 1/3 mm, die filterstabil gegen die Bettung sein muß. In Hallen können die Fugen 4 mm breit sein und ohne Fugenfüllung offen bleiben.

3.4.7

Betonplatten mit elektrischer Leitfähigkeit

In explosionsgefährdeten Bereichen (z.B. in der chemischen Industrie) muß der Fußboden einen kleinen elektrischen Ableitwiderstand besitzen. Ein Fußboden gilt als leitfähig, wenn der Ableitwiderstand 10^6 Ohm nicht übersteigt. Der Ableitwiderstand R_A wird nach DIN 51 953 bestimmt mit

$$R_A = 0{,}05\ r \cdot d \quad \text{in Ohm}$$

Hierbei sind:

r spezifischer Widerstand eines Stoffes in Ohm · cm

d Dicke des Bauteils in Richtung des Stromflusses in cm

Der spezifische Widerstand von Beton kann durch Zusatz von Ruß verringert bzw. die elektrische Leitfähigkeit erhöht werden.

Bei Untersuchungen des Instituts für Technische Physik in Stuttgart wurden für unterschiedliche relative Luftfeuchten im Lagerraum entsprechende Werte des spezifischen Widerstandes für Beton aus Rheinkies mit 375 kg Zement CEM I 32,5 R festgestellt (Tafel 3.6).

3.5

Fugen

In Tragschichten sind keine Fugen erforderlich, so daß auch gebundene Tragschichten nach den Abschnitten 3.2.3 bis 3.2.7 ohne Fugen hergestellt werden können. Eine Ausnahme bilden Betontragschichten mit höheren Festigkeiten als 20 N/m^2 (Abschn. 3.2.6).

In Betonplatten sind stets Fugen erforderlich, wenn die Gefahr der Riß-

relative Luftfeuchte	spezifischer Widerstand in Ohm · cm ohne Ruß	mit 3 % Rußzusatz des Zementgewichtes
0 %	$4{,}9 \cdot 10^{12}$	$8{,}3 \cdot 10^{4}$
30 %	$6 \cdot 10^{5}$	$4 \cdot 10^{4}$
60 %	$1 \cdot 10^{5}$	$3 \cdot 10^{4}$
80 %	$5 \cdot 10^{4}$	$2 \cdot 10^{4}$
100 %	$8 \cdot 10^{3}$	$8 \cdot 10^{3}$

Tafel 3.6: Spezifischer Widerstand von Beton [Institut für Techn. Physik, Stuttgart]

entstehung gering gehalten werden soll. Fugen in Betonplatten sollen das Entstehen von Rissen verhindern.

Andererseits sind aber Fugen auch Schwachstellen, bei denen Schäden ihren Anfang nehmen können. Es sollte daher durchaus die Frage geklärt werden, ob für den jeweils vorliegenden Fall eine Fuge oder ein Riß störender wirkt. Ein feiner Riß, der noch eine gute Rißverzahnung der beiden Plattenteile bewahrt, ist sicherlich weniger störanfällig als eine schlecht ausgeführte Fuge (Risse können auch als natürliche Fugen bezeichnet werden). Nicht nur die Fugenherstellung auch die spätere Fugenpflege verursachen erhebliche Kosten.

Beim Umgang mit wassergefährdenden Stoffen müssen Fugen so dicht sein, daß ein Durchdringen von Flüssigkeiten verhindert wird [35, 51].

3.5.1 Art und Lage der Fugen

Es werden Scheinfugen, Preßfugen und Raumfugen unterschieden (Tafel 3.7).

Scheinfugen oder Preßfugen sind zur Begrenzung der Plattenlängen erforderlich. Durch entsprechende Fugenabstände wird die Fläche in einzelne Felder aufgeteilt.

Beim großflächigen Betonieren, wenn also nicht in einzelnen Bahnen oder Feldern betoniert wird, werden sowohl die Fugen in Längs- als auch in Querrichtung als Scheinfugen ausgeführt.

Beim Betonieren einzelner Bahnen (z.B. Streifen 1, 3 und 5 vor den Streifen 2 und 4) werden in Längsrichtung stets Preßfugen und in Querrichtung Scheinfugen ausgeführt.

Beim Betonieren einzelner Felder (z.B. schachbrettartig) entstehen nur Preßfugen.

Tafel 3.7: Zusammenstellung der Fugenarten [nach Lohmeyer]

Fugenart	Preßfugen	Scheinfugen	Raumfugen
Längsfugen	zweckmäßig beim Betonieren in Bahnen oder Feldern; bei L ≤ 8 m mit Nut und Feder, bei L > 8 m und Lasten Q > 40 kN mit Verdübelung	zweckmäßig beim großflächigen Betonieren; bei L > 6 m und Lasten Q > 40 kN mit Verdübelung	nicht zur Aufteilung der Fläche, jedoch stets erforderlich zur Trennung von anderen Bauteilen z.B. Wände, Stützen, Kanäle, Schächte
Querfugen	zweckmäßig beim Betonieren in Feldern; bei L ≤ 8 m mit Nut und Feder, bei L > 8 m und Lasten Q > 40 kN mit Verdübelung	zweckmäßig beim Betonieren in Bahnen und beim großflächigen Betonieren; bei L > 6 m und Lasten Q > 40 kN sowie in Hauptfahrstreifen bei Lasten Q > 60 kN mit Verdübelung	

Scheinfugen werden als Kerbe nur im oberen Bereich der Platte ausgebildet. Sie schwächen den Querschnitt und bewirken eine klare Rißführung unterhalb des Kerbschnittes (Abschn. 3.5.3 und 9.1).

Preßfugen trennen die Betonplatte in ganzer Dicke, sie bieten ebenfalls keinen Raum für eine Ausdehnung des Betons. Preßfugen entstehen durch Gegenbetonieren an eine entschalte Stirnseite eines vorher betonierten Betonfeldes (Abschn. 3.5.4 und 9.2).

Raumfugen (Dehnfugen) innerhalb der Fläche sind nur in besonderen Fällen nötig. Sie sind stets erforderlich zur Trennung der Betonplatte von anderen Bauteilen. Raumfugen gestatten bei genügend breiter Ausbildung und weicher Fugeneinlage eine Ausdehnung des Betonbodens (Abschn. 3.5.5 und 9.3).

Die Lage der Fugen ist so zu wählen, daß einerseits die Beanspruchung der Betonplatten durch den Fahrverkehr im Bereich der Fugen nicht unnötig groß wird und andererseits die spätere Nutzung nicht mehr als nötig beeinträchtigt wird.

Folgende Punkte sind für die Anordnung der Fugen zu beachten:

- Unterteilung der Fläche in möglichst quadratische Felder durch Scheinfugen oder Preßfugen, Seitenverhältnis Länge zu Breite nicht größer als $L/b \leq 1,5$,
- wegen erhöhter Bruchgefahr stets Zwickel vermeiden; also keine Platten, die schmal sind oder spitz auslaufen,
- Längs- und Querfugen sollen sich kreuzen und sollen nicht gegenseitig versetzt werden,
- einspringende Ecken vermeiden, ggf. durch sinnvoll angeordnete Fugen nicht nur bei L-förmigen Grundrissen, sondern auch im Bereich von Stützen, wenn hohe Ansprüche an die Rißsicherheit gestellt werden (Bild 3.3),
- Fugen im Bereich geringerer Beanspruchung vorsehen, nicht unter großen Einzellasten,
- Fugenkreuzungen nicht in den Hauptfahrbereichen und Längsfugen nicht nahe der Hauptfahrspur anordnen,
- Querfugen unter den Hauptfahrsteifen für Radlasten über 60 kN verdübeln; bei Scheinfugenabständen über 6 m bzw. bei Preßfugenabständen über 8 m bereits für Radlasten über 40 kN (s. Tafel 3.7 und Bild 3.7),
- Fugen in Betonplatten auf nachgiebigen Wärmedämmschichten in Fahrbereichen verdübeln,
- Tafel 3.7 zeigt die jeweils geeignete Fugenart.

Feste Einbauten (z.B. Stützen, Wände, Schächte) sind stets durch Raumfugen von der Betonplatte zu trennen. Damit die freie Beweglichkeit der Betonplatte nicht behindert wird, sind stets weiche Fugeneinlagen zu verwenden, z.B. Weichfaserplatten, keine Hartschaumplatten.

3.5.2 Fugenabstände

Die Anordnung von Fugen zur Unterteilung der Betonplatte ist von mehreren Punkten abhängig. Bei Betonböden im Freien sind engere Fugenabstände erforderlich als bei Betonböden in Hallen.

Einige Abhängigkeiten für Fugenabstände werden nachstehend genannt:

- Fugenart (s. Tafel 3.7),
- Plattendicke (s. Tafel 3.8),
- Herstellbedingungen (s. Tafel 3.8),
- klimatische Bedingungen (im Freien oder beheizten Gebäuden) (s. Tafel 15.4),
- örtliche Verhältnisse (Stützen, Wände, Kanäle) (s. Bild 3.1 und 3.2),
- Art des Betoneinbaues (Einbaugerät und -art, Rüttelbohlenlänge),
- Gleitmöglichkeit auf der Unterkonstruktion (s. Tafel 15.3),
- langfristig wirkende Lasten (Abschn. 15.2.5),
- besondere Ansprüche bei der Nutzung (s. Tafel 15.5),
- unkritische Rißbetrachtung, Wünsche des Auftraggebers.

Bild 3.3: Beispiele für die Fugenausbildung zum Vermeiden von einspringenden Ecken bei Stützen, die innerhalb der Betonfläche stehen

a) bei einem Fugenkreuz an einer Stütze

b) bei einer durchgehenden Längsfuge an einer Stütze

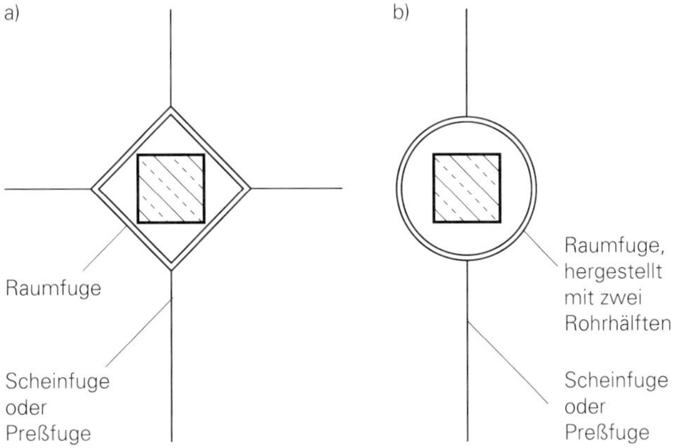

Tafel 3.8: Fugenabstände L in m, abhängig von den Herstellbedingungen der Betonbodenplatte (d = Plattendicke in m) [nach Lohmeyer]

Herstellbedingungen	Abstand der Schein- und Preßfugen	
F Betonieren im Freien	$L \leq 6$ m und $L \leq 33$ d $L \leq 30$ d	 bei quadratischen Platten mit $L/b \leq 1{,}25$ bei rechteckigen Platten mit $L/b > 1{,}25$ bis $L/b \leq 1{,}5$
O Betonieren in offenen Hallen bei Ausführungsart **N**[1]	$L \leq 8$ m	
G Betonieren in geschlossenen Hallen bei Ausführungsart **S**[2]	$L \leq 12$ m	

[1] Ausführungsart **N** (normal):
Gute Betonzusammensetzung; übliche Temperatureinwirkung beim Einbau des Betonbodens in offenen Hallen; Nachbehandlung entsprechend Richtlinie des DAfStb

[2] Ausführungsart **S** (speziell):
Spezielle Betonzusammensetzung ($w \leq 165$ kg/m³); besonderer Schutz des Betons beim Einbau des Betonbodens in geschlossenen Hallen (Vermeiden schneller Oberflächenerwärmung und -austrocknung; Verhinderung direkter Sonneneinstrahlung sowie schnellen Abkühlens infolge Zugluft und Wind); sofort einsetzende Nachbehandlung (z.B. durch Aufsprühen eines Nachbehandlungsfilms, anschließendes Feuchthalten und Abdecken des Betons); doppelt lange Nachbehandlung gegenüber Richtlinie des DAfStb

Platten in Hallen

Normale Fugenabstände richten sich nach Tafel 3.8. Größere Fugenabstände bis etwa 12 m, also Feldgrößen bis etwa 150 m^2, sind bei günstigen Beanspruchungen und bei der Berücksichtigung besonderer Maßnahmen möglich. Hierzu gehören:

- gut tragfähige Unterkonstruktion,
- Gleitfolie auf ebener Unterlage,
- besondere Sicherung der Fugen durch Dübel,
- Ausführungsart **S** (speziell) entsprechend Tafel 3.8,
- genügend langer Schutz vor Bauverkehr,
- dauernder Schutz vor größeren Temperaturschwankungen.

Fugenabstände über 12 m werden im allgemeinen nur dann möglich sein, wenn mit Zustimmung des Auftraggebers ein größeres Rißrisiko eingegangen wird. Risse müssen weder die Funktionsfähigkeit noch die Dauerhaftigkeit des Betonbodens zwangsläufig beeinflussen.

Eine sichere Methode zum Vermeiden von Rissen ist der Einbau einer Spannstahlbewehrung. Diese Maßnahme muß nicht sehr aufwendig sein (s. Abschn. 3.4.3).

Platten im Freien

Bei befahrenen Platten im Freien und bei ähnlich temperaturbeanspruchten Platten in Hallen sind normale Fugenabstände erforderlich, wenn kein besonderer Nachweis geführt wird. Das bedeutet, daß die Fugenabstände nicht größer sein sollen als in Tafel 3.8. Abhängig von der Plattendicke d und der Art der Grundfläche des Plattenfeldes (Länge L zur Breite b, quadratisch oder rechteckig) ergibt sich die Länge max. L als Fugenabstand. Beim Überschreiten dieser Fugenabstände wachsen die Wölbspannungen stark an, ein besonderer Nachweis zur Rißsicherheit wäre dann erforderlich (siehe Abschnitt 15.3.6).

3.6.3 Scheinfugen

Scheinfugen sind die üblichen Fugen in Betonplatten (Bild 3.4). Sie entstehen als Kerbe an der Oberfläche der Betonplatte durch Einschneiden in einer Tiefe von etwa 60 mm (25 bis 30 % der Plattendicke) in 3 mm bis 4 mm Breite. Der im unteren Plattenbereich entstehende Riß ist erwünscht. Er trennt die Betonplatte so, daß eine gewisse Rißverzahnung erhalten bleibt, wenn sich der Riß nicht zu weit öffnet. Eine untere Fugeneinlage ist nicht erforderlich, sie ist sogar schädlich.

Die Fugenkerbe kann offen bleiben, wenn es die betriebliche Nutzung (z.B. aus hygienischen Gründen) gestattet (Bild 3.4). Wenn jedoch ein sofortiger Fugenverguß erforderlich ist, soll im oberen Bereich der Kerbe ein Nachschnitt auf 25 mm Tiefe und 8 mm Breite erfolgen. Die unteren 10 mm werden mit Moosgummi ausgefüllt, die oberen 15 mm nehmen die Fugenvergußmasse auf (Bild 3.5).

Bild 3.4: Scheinfuge mit einfacher Fugenkerbe ohne Fugenverguß

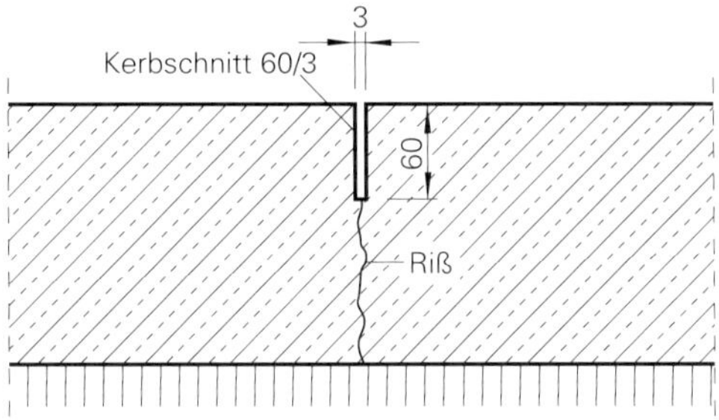

Bild 3.5: Scheinfuge mit Fugenkerbe einschließlich Nachschnitt und Fugenverguß

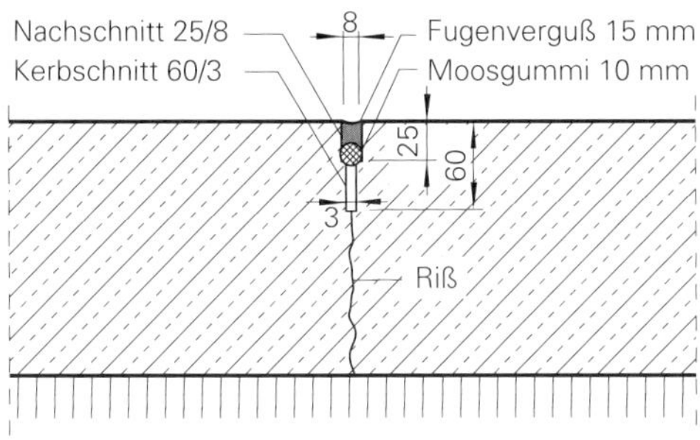

Mit speziellen Kunststoff-Vergußmassen kann die gesamte Kerbe ohne Nachschnitt vergossen werden, wenn der größte Teil des Schwindens abgeschlossen ist. Hierfür ist ein Nachweis des Herstellers über die Eignung der Vergußmasse erforderlich.

Bei Querfugen in Hauptfahrstreifen mit Radlasten über 60 kN sowie bei Fugenabständen L über 6 m und bei Einzellasten über 40 kN tritt der Sonderfall ein, daß eine Verdübelung erforderlich wird (s. Tafel 3.7 und Abschn. 3.5.6).

Eine eventuell vorhandene Bewehrung kann im Bereich der Scheinfugen ungeschnitten durchlaufen. Das Öffnen der Scheinfugen wird durch Betonstahlmatten ≤ Q 295 nicht behindert. Bei Betonstahlmatten ≥ Q 378 sollte die obere Bewehrungslage geschnitten werden. Bei Scheinfugen durchlaufende Mattenbewehrung ersetzt keine Verdübelung, falls diese erforderlich sein sollte.

3.5.4 Preßfugen

Preßfugen entstehen beim Herstellen benachbarter Plattenfelder, die in zeitlichem Abstand anbetoniert werden. Wenn bei mindestens 18 cm dicken Platten eine Querkraftübertragung in der Preßfuge erforderlich ist, können diese bei Fugenabständen bis 8 m und bei Einzellasten bis 40 kN mit Verzahnung in Form von Nut und Feder hergestellt werden

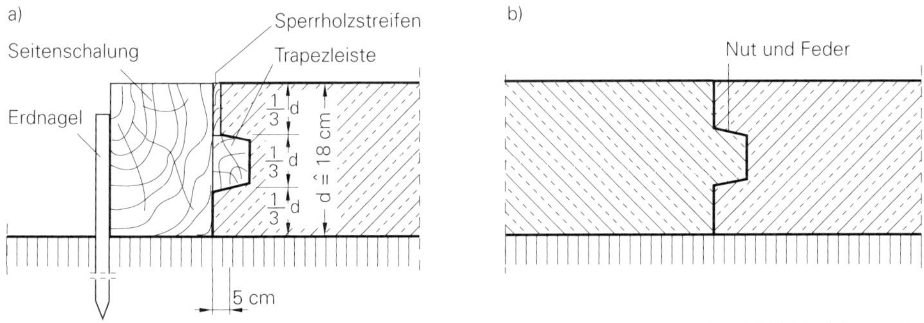

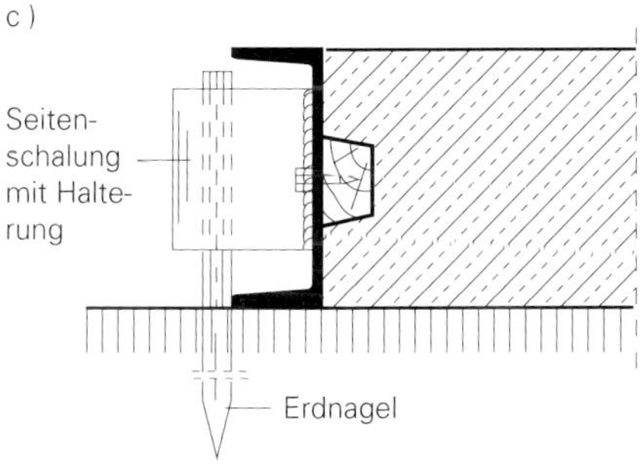

Bild 3.6: Preßfuge mit Nut und Feder für Fugenabstände bis L ≤ 8 m und Lasten bis Q ≤ 40 kN bei mindestens 18 cm dicken Platten. Der Sperrholzstreifen ist nur dann erforderlich, wenn die Seitenschalung zu rauh ist.

a) Betonieren des ersten Streifens bei Verwendung von Seitenschalung aus Holz mit Sperrholzstreifen für eine glatte Fugenkante

b) Preßfuge zwischen zwei Betonierstreifen

c) Anstelle der Seitenschalung aus Holz können auch vorbereitete Stahlprofile mit Trapezleiste und Befestigungslaschen verwendet werden.

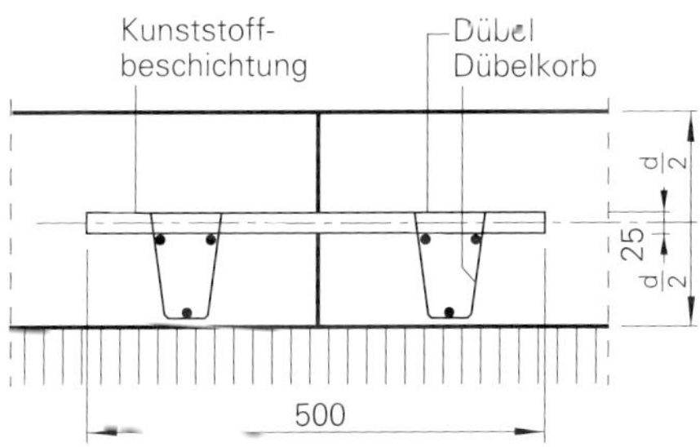

Bild 3.7: Preßfugen mit Verdübelung zur Querkraftübertragung bei Fugenabständen L > 8 m und bei Lasten Q > 40 kN

(Tafel 3.7 und Bild 3.6). Dieses ist eine wirtschaftliche Art der Fugenausbildung für eine ausreichende Querkraftübertragung auf Nachbarplatten. Bei Rand- bzw. Eckbelastung einer Platte kann eine Verformung nur dann stattfinden, wenn die Nachbarplatte bzw. alle angrenzenden Platten diese Verformung mitmachen. Dadurch können sowohl die Verformung als auch die Rißgefahr stark verringert werden (s. Bild 15.1).

Bei der Ausführung der Nut- und Feder-Preßfuge wird an die Seitenschalung des erstbetonierten Streifens eine Trapezleiste angesetzt, die nach dem Ausschalen an der Stirnseite der Betonplatte eine nutartige Vertiefung hinterläßt, in die der folgende Betonierstreifen direkt hineinbetoniert wird.

Der obere Bereich der Preßfuge muß nicht wie bei Scheinfugen geschnitten werden. Es kann jedoch aus optischen Gründen wie bei Scheinfugen verfahren werden (s. Abschn. 3.5.3).

Bei großen Fugenabständen über 8 m und bei Einzellasten über 40 kN sowie bei dünneren Platten unter 18 cm tritt der Sonderfall ein, daß eine Verdübelung erforderlich wird (s. Bild 3.7, Tafel 3.7 und Abschn. 3.5.6).

3.5.5 Raumfugen

Raumfugen (Dehnfugen) trennen die Betonplatte in ganzer Dicke. Sie sind innerhalb von Hallenflächen in der Regel nicht erforderlich. Hier sind Scheinfugen oder Preßfugen günstiger, sie sind einfacher herzustellen und sicherer bei Verkehrsbeanspruchung.

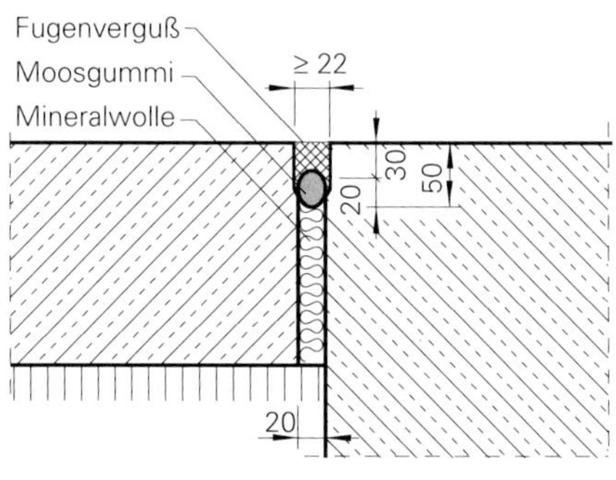

Bild 3.8: Raumfuge mit Fugeneinlage sowie Nachschnitt und Fugenverguß im oberen Bereich beim Anschluß an andere Bauteile, z.B. Schächte

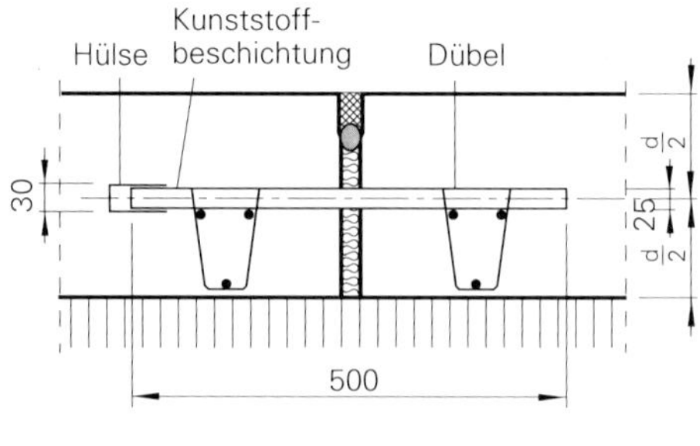

Bild 3.9: Raumfuge mit Verdübelung zur Querkraftübertragung (z.B. in Sonderfällen für Flächen im Freien und im Torbereich beim Übergang vom Freien in die Halle)

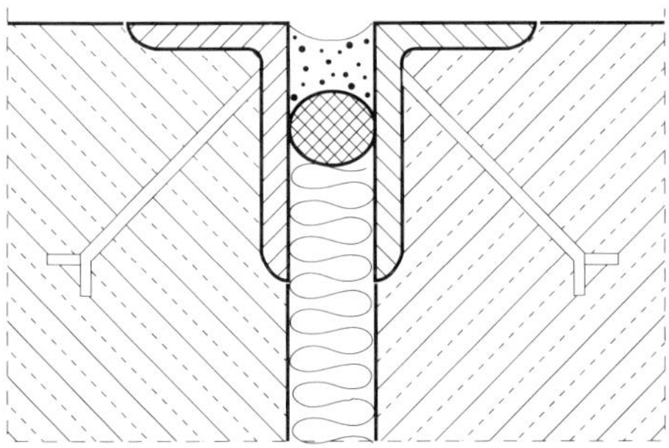

Bild 3.10: Raumfuge für starken Verkehr mit harter Bereifung: Kantenschutz z.B. aus zwei Stahlwinkeln L 80 x 8 mm mit Verankerung

Raumfugen sind dort nötig, wo Betonplatten von anderen Bauteilen und festen Einbauten getrennt werden müssen, z.B. zur Trennung der Betonplatten von Wänden, Stützen, Kanälen, Schächten, Bodeneinläufen (Bild 3.1 bis 3.3). Sehr unterschiedlich belastete Flächen sind durch Raumfugen voneinander zu trennen, z.B. Maschinenbereiche von anderen Flächen, insbesondere bei Schwingungen.

Raumfugen können bei großen Hallen erforderlich werden, wenn bei Ausdehnung der Betonplatten die Beanspruchung der Fugendichtung zu groß würde, z.B. Betoneinbau bei niedrigen Temperaturen in Hallen mit Abmessungen über 100 m. Flächen sind durch Raumfugen voneinander zu trennen, die unterschiedlichen Temperaturen ausgesetzt werden, z.B. Innenflächen von Außenflächen im Torbereich, Wärmekammern von anderen Bereichen. Flächen im Freien sind von Bauwerken stets durch Raumfugen zu trennen, insbesondere dann, wenn die Flächen zwischen Gebäuden oder aufgehenden Bauteilen liegen.

Raumfugen sollen nicht so liegen, daß sie häufig durch Längsverkehr direkt beansprucht werden. Querverkehr läßt sich häufig nicht vermeiden, dies ist z.B. im Torbereich von Hallen der Fall. Befahrene Raumfugen mit Radlasten über 40 kN sollten verdübelt werden (Bild 3.9). Dadurch soll beim Überrollen der Raumfuge eine Kraftübertragung auf die angrenzenden Platten erfolgen. Es entstehen geringere Verformungen, und die Rißsicherheit wird erhöht. Durch die größere Breite der Raumfugen werden die Fugenkanten stärker beansprucht. Im Einzelfall ist zu klären, ob ein besonderer Kantenschutz der Raumfugen erforderlich ist, z.B. bei starkem Verkehr mit harter Bereifung entsprechend Bereich 1 der Tafel 2.5 (Bild 3.10).

Raumfugen brauchen eine weiche Fugeneinlage, z.B. Mineralfasermatten, keine Hartschaumplatten. Sie sollen mit genügender Breite die Ausdehnung der Betonplatten gestatten, z.B. Breite 20 mm. Raumfugen sind im oberen Bereich abzudichten. Damit einwandfreie Fugenflanken zur Aufnahme des Fugenvergusses entstehen, ist im oberen Bereich ein Nachschnitt vorteilhaft (Bild 3.8 und 3.9).

3.5.6

Dübel und Anker

Bei Raumfugen in Betonplatten kann zur Lastübertragung und zur Sicherung gleicher Höhenlage der Betonplatten eine Verdübelung erforderlich werden (s. Abschn. 3.5.5 und Bild 3.9). Wenn ein Auseinanderwandern der Platten zu befürchten ist (z.B. an den Längsfugen von Randfeldern im Freien), sind dort Anker einzubauen. Dübel und Anker werden also nur in diesen oder ähnlichen Fällen nötig sein.

Bei Scheinfugen wirkt der Riß unter der Kerbe als Verzahnung und im allgemeinen kann hierdurch eine ausreichende Querkraftübertragung stattfinden, so daß zusätzliche Verdübelung erst bei Längen $L > 6$ m und Belastungen $Q > 40$ kN erforderlich ist (s. Tafel 3.7).

Bei Preßfugen bewirkt die Nut- und Federausbildung eine ausreichende Querkraftübertragung. Sie kann solange als Verdübelung angesehen werden, wie sich die Fugen nicht zu weit öffnen. Dies ist bei normalen Verhältnissen bis zu Fugenabständen $L \leq 8$ m und Lasten $Q \leq 40$ kN der Fall, so daß auch hier im allgemeinen auf besondere Dübel verzichtet werden kann (s. Tafel 3.7).

Dübel
(nur in Sonderfällen)

Dübel sollen eine Querkraftübertragung ermöglichen, die gleiche Höhenlage der Platten im Fugenbereich sicherstellen, die Längsbewegung der Platten jedoch nicht behindern. Dazu müssen die Dübel exakt eingebaut

Bild 3.11: Anordnung der Dübel in einer Raumfuge (Grundriß)

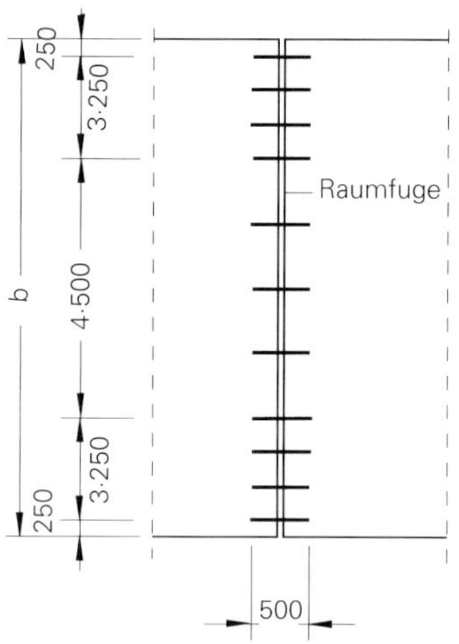

sein, also genau in Höhenmitte der Platte liegen und parallel in Richtung der Plattenachse angeordnet werden. Es sind glatte Rundstähle zu verwenden, z.B. Ø 25 mm, Länge 500 mm (Bild 3.9). Der Abstand der äußeren Dübel vom Plattenrand sollte 25 cm betragen, die darauf folgenden Dübel sollten bei häufigen Lastwechseln in Fahrspuren ebenfalls in 25 cm Abstand eingebaut werden (z.B. 4 oder 5 Dübel). Für die anderen Dübel genügen Abstände von 50 cm (Bild 3.11). Damit eine Längsbewegung im Fugenbereich möglich ist, soll jeder Dübel mit einer Kunststoffbeschichtung versehen sein. Bei Raumfugen ist auf ein Ende des Dübels eine Blech- oder Kunststoffhülse zu stecken (Bild 3.9). Für das Verlegen der Dübel sind besondere Dübelkörbe zweckmäßig, die den Dübeln die richtige Lage sichern.

Es sollten nur die Fugen in **einer** Richtung verdübelt werden, also entweder Querfugen oder Längsfugen. Bei nicht vermeidbarer Verdübelung aller Fugen ist bei Längenänderungen und größeren Fugenabständen mit zusätzlichen Zwängungen zu rechnen. Um diese Zwängungen zu vermeiden, kann in einer Richtung mit Rundstahldübeln, in der anderen Richtung mit Nut- und Feder-Preßfugen gearbeitet werden.

Anker
(nur in Sonderfällen)

Gegen ein mögliches Auseinanderwandern der Platten, z.B. der Randplatten im Freien, können Anker eingebaut werden. Sie sind aus Rippenstahl Ø 16 mm und haben eine Länge von mindestens 600 mm. Sie werden in der Mitte der Plattendicke eingebaut. Erforderlich sind mindestens drei Anker je Platte. Bei großen Plattenlängen sollte der Abstand höchstens 1,5 m betragen.

3.5.7 Fugenkanten

Bei Fahrzeugen mit Reifenpressungen von $p > 1{,}0$ bis $\leq 2{,}0$ N/mm^2 (z.B. Vollgummireifen) sind die Beanspruchungen scharfer Fugenkanten beim Überfahren zu groß. Hierbei können leicht Kantenabplatzungen entstehen. Um dieses zu vermeiden, ist ein schmales Abfasen der Fugenkanten zu empfehlen (Bild 3.12). Ein zu breites Abfasen muß vermieden werden, da sonst die Räder beim Hineinrollen in die Fuge zusätzliche Stöße verursachen können.

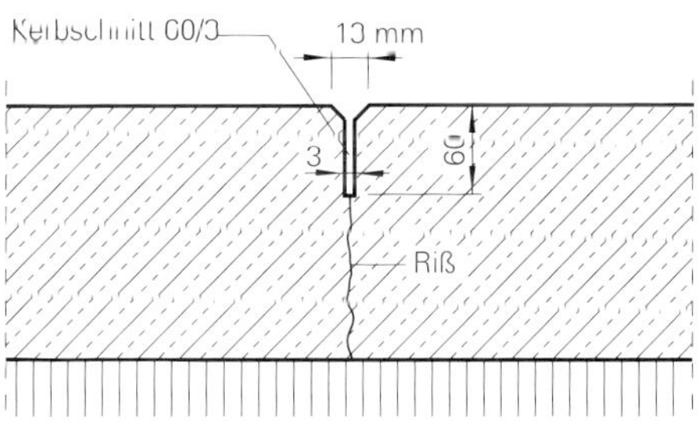

Bild 3.12: Scheinfuge mit abgefasten Kanten

Bei Fahrzeugen mit Reifenpressungen über 2,0 N/mm^2 (z.B. Vollreifen aus Polyurethan) sind zur Sicherung der Fugenkanten besondere Maßnahmen erforderlich. Hier können zusätzliche Kantenschutzwinkel nötig werden (Bild 3.10).

3.5.8 Fugenfüllstoffe

Scheinfugen und Preßfugen brauchen nicht verfüllt zu werden. Sollte dennoch aus betrieblichen Gründen ein Schließen dieser Fugen erforderlich sein, sind die Fugen durch einen Nachschnitt von 8 mm Breite und 25 mm Tiefe zu vergrößern. Der untere Bereich des Nachschnitts wird in 10 mm Höhe mit Moosgummi ausgefüllt, während die oberen 15 mm mit einer Vergußmasse geschlossen werden (Bild 3.5). Es können bituminöse Fugenvergußmassen oder solche auf Kunststoffbasis verarbeitet werden. Für die Auswahl sind die betrieblichen Erfordernisse entscheidend. Die „Technischen Lieferbedingungen für bituminöse Fugenvergußmassen" [28] stellen geeignete Anforderungen dar. Voranstrichmittel und Vergußmasse sind vom gleichen Hersteller zu beziehen.

Spezielle Kunststoff-Vergußmassen ermöglichen das Vergießen der gesamten Kerbe ohne Nachschnitt, wenn der größte Teil des Schwindens abgeschlossen ist. (Abschn. 15.3.7). Hierfür ist ein Nachweis des Herstellers über die Eignung der Vergußmasse erforderlich, da übliche Fugenvergußmassen bei dieser Ausführungsart überfordert sind.

Raumfugen sind zur Aufnahme der Fugenfüllstoffe mit einem Nachschnitt von 50 mm Tiefe und mindestens 22 mm Breite zu versehen. Die unteren 20 mm werden mit Moosgummi ausgefüllt, während die oberen 30 mm mit einer Fugenvergußmasse geschlossen werden (Bild 3.9). Auch diese Fugenvergußmassen sollten die „Technischen Lieferbedingungen für bituminöse Fugenvergußmassen" [28] erfüllen, wenn nicht spezielle Lösungen gewählt werden.

Fugen beim Umgang mit wassergefährdenden Stoffen müssen so dicht sein, daß ein Durchdringen von Flüssigkeiten verhindert wird. Die Beständigkeit des Fugenmaterials ist nachzuweisen [35].

3.6 Oberfläche

Für die Art der Oberflächenausbildung bestehen mehrere Möglichkeiten. Die Gestaltung der Oberfläche ist auf die spätere Nutzung abzustimmen.

Rauhe und griffige Oberflächen sind bei bestimmten Anwendungsbereichen zweckmäßig oder erforderlich, z.B. wegen der Rutschsicherheit [29]. Diese Oberflächenausbildung ist im allgemeinen durch Abziehen des Betons mit der Rüttelbohle oder durch Aufbringen eines Besenstrichs kostengünstig herzustellen (s. Absch. 8. 1).

Geglättete oder abgescheibte Oberflächen sind eventuell dann erforderlich, wenn besondere Nutzungen oder hygienische Gründe eine Rolle spielen. Geglättete Oberflächen sind in der Herstellung aufwendiger als abgescheibte Oberflächen (s. Abschn. 8.3 und 8.4).

Geglättete Oberflächen lassen sich zwar gut reinigen, können aber abhängig von den Betriebsbedingungen oder den verwendeten Pflege- und Reinigungsmitteln zur Rutschgefahr führen. Eine Bewertung der Rutschgefahr ist dann erforderlich [29]. Ggf. sind Pflegemittel mit rutschhemmenden Beimengungen einzusetzen.

Mechanisch stark beanspruchte Oberflächen benötigen erforderlichenfalls die Verwendung bestimmter Zuschläge (z.B. Hartsteinsplitt) oder das Aufbringen besonderer Hartstoffschichten (s. Tafel 2.5 und 3.5 sowie Abschn. 8.8).

In Abschnitt 8 werden die insgesamt möglichen und üblichen Oberflächenausbildungen beschrieben.

Stahlfaserbewehrung kann zum Abdecken der Oberfläche eine Deckschicht erfordern. Einige Stahlfasern reichen mit einem Ende bis an die Betonoberfläche oder liegen flach unter der Oberfläche. Hierdurch kann die Nutzung des Betonbodens beeinträchtigt werden, und es entstehen kleine Rostflecken. Je nach Nutzungsart der Halle kann diese Deckschicht eine Hartstoffschicht nach Abschn. 8.8 sein.

3.6.1 Ebenheit

An Ebenheit und Gefälleausbildung werden häufig Anforderungen gestellt, die nicht erreichbar sind. Es ergeben sich Schwierigkeiten, wenn bei der Planung nicht auf Möglichkeiten der Ausführbarkeit Rücksicht genommen wird. Besondere Anforderungen an Ebenheit und Gefälle bedingen genauere Vorgaben bei der Leistungsbeschreibung, und zwar in der entsprechenden Position und nicht in den Vorbemerkungen.

Zulässige Ebenheitstoleranzen sind in DIN 18 202 festgelegt. Die für Betonböden zutreffenden Angaben sind in Tafel 8.2 wiedergegeben.

In bestimmten Fällen sind die in der Norm genannten zulässigen Toleranzen wegen einer besonderen Nutzung der Fläche nicht hinnehmbar, z.B. bei Hochregallagern. Hier bedarf es einer besonderen Vereinbarung und einer sehr genauen Oberflächenausbildung. Die von den Ausstattern der Hochregallager genannten Anforderungen sind ohne besonderen technischen Aufwand nicht erfüllbar. Es kann daher sinnvoll sein, die

Anforderungen an die Oberflächengenauigkeit bereichsweise unterschiedlich festzulegen. In den Fahrgassen zwischen Hochregalen kann z.B. die Oberfläche hergestellt werden durch Abziehen des Betons auf Regalsockeln und lasergesteuertes Schleifen der Oberfläche mit anschließender Beschichtung aus selbstnivellierendem Material.

3.6.2 Gefälle

Betonböden im Industriebau werden in der Regel ohne Gefälle hergestellt. In besonderen Fällen kann ein Gefälle erforderlich sein, z.B. bei Ableitsflächen für wassergefährdende Flüssigkeiten. In diesen besonderen Fällen soll das Gefälle zur einwandfreien Entwässerung mindestens 2,0 % betragen [35]. Das Gefälle soll nicht durch einen Ausgleichs- oder Gefälleestrich geschaffen werden, sondern durch entsprechende Oberflächenausbildung des Betonbodens.

Sternförmige Gefälleausbildungen sollten vermieden werden, da die Oberfläche nicht mit Rüttelbohlen abgezogen werden kann. Das führt zum einfachen Handbetrieb und damit zur Gefahr unvollständiger Verdichtung des Betons im oberflächennahen Bereich.

Windschiefe Oberflächen mit Verwindungen im Gefälle sind durch entsprechend unterschiedliche Höhenlagen der Abziehlehren ohne großen Aufwand herstellbar. Hierfür sollten bei der Planung die Höhepunkte im Verlauf der Abziehlehren angegeben werden.

Fugen sollten nicht im Tiefbereich des Gefälles liegen, da die Fugen durch dauernde Feuchtigkeit unnötig beansprucht würden. Außerdem besteht die Gefahr, daß die Fugendichtung versagt, was bei kritischen Flüssigkeiten zur Beeinträchtigung des Untergrundes führen könnte. Das Gefälle sollte daher stets von Fugen wegführen.

3.6.3 Unterschreitung der erforderlichen Plattendicke

Ebenheitstoleranzen in der Oberfläche der Tragschicht einerseits und in der Oberfläche der Betonplatte andererseits dürfen sich auf eine Verringerung der erforderlichen Plattendicke nicht auswirken. Die erforderliche Plattendicke ist eine Mindestdicke, sie muß an jeder Stelle vorhanden sein.

Teil II: Ausführung

Die Ausführung von Betonböden ist keine einfache Arbeit, sie wird häufig unterschätzt. Eine richtige Einschätzung des erforderlichen Arbeitsaufwandes ist jedoch erforderlich, wenn schließlich eine dauerhaft funktionierende Hallen- oder Freifläche entstehen soll.

Die einzelnen Arbeitsvorgänge haben häufig mehr mit Tiefbauarbeiten zu tun, als es die im Hochbau Tätigen gewohnt sind. Daraus ergeben sich Schwierigkeiten. Das trifft für die Planung, für die Festlegung der Konstruktion und ganz besonders für die Herstellung des Betonbodens zu.

4 Untergrund und Tragschichten

Die Dauerhaftigkeit des Betonbodens hängt wesentlich von der Tragfähigkeit des Untergrundes und der Tragschicht ab. Eine gute Tragfähigkeit kann nur erreicht werden, wenn ein für die Belastung geeigneter Untergrund oder eine richtig bemessene Tragschicht sorgfältig verdichtet wird. Wichtig ist außerdem die Entwässerung durch eine Dränrohrleitung, wenn dies die Grundwasserverhältnisse erfordern.

4.1 Dränrohrleitung

Für die Ausführung der Dränarbeiten gilt DIN 4095 und VOB Teil C DIN 18 308.

Vorhandenes Grundwasser muß gefaßt und abgeleitet werden, bevor es Schaden an dem Betonboden verursacht, besonders bei Flächen im Freien. Dazu werden Dränrohrleitungen verwendet. Sie sind mindestens 15 cm dick von Kiessand (z.B. 0/8 mm) zu umhüllen.

Die Frostschutzschicht des gefährdeten Betonbodens ist bis an diesen Sickerstrang heranzuführen. Die Dränrohrleitung soll in leichtem Gefälle verlegt und an eine Vorflut angeschlossen werden. Als Dränrohrleitungen können poröse Filterrohre aus Beton verwendet werden, die den Güterichtlinien entsprechen. DIN 4095 „Baugrund; Dränung zum Schutz baulicher Anlagen" ist zu beachten.

4.2 Untergrund

Für die Ausführung der Arbeiten am Untergrund gilt VOB Teil C DIN 18 300 „Erdarbeiten".

Ungeeignete Bodenarten (z.B. Mutterboden, Torf, Schlamm, Ton) und Hindernisse (z.B. Baumstümpfe, Baumwurzeln, Bauwerksreste) sind zu entfernen. Vertiefungen in der Gründungssohle sind aufzufüllen. Der Füllboden ist so zu verdichten, daß er möglichst so dicht liegt wie der anstehende Boden, damit ein gleichmäßig tragender Untergrund entsteht (s. Abschnitt 3.1).

Zum Verdichten müssen Untergrund und Füllboden genügend feucht, aber nicht zu naß sein, z.B. erdfeucht. Das Verdichten soll maschinell erfolgen. Dazu ist geeignetes Gerät nötig. Das Rüttelgerät muß eine ausreichend große Verdichtungsleistung besitzen. Es sollte möglichst eine Fliehkraft von $F \geq 20$ kN haben, z. B. Rüttelplatte AT 2000.

Aufschüttungen sind lagenweise einzubauen und zu verdichten. Trockenes Aufschüttmaterial ist ggf. anzufeuchten, damit es verdichtbar ist. Schütthöhe und Anzahl der Arbeitsgänge beim Verdichten sind nach Art und Größe der Verdichtungsgeräte und der Bodenart festzulegen (Schütthöhe höchstens 50 cm). Die Verdichtung hat so zu erfolgen, daß beim Anliefern und Einbringen des Tragschichtmaterials das Befahren des Untergrundes ohne große Spurbildung durch Lkw möglich ist (s. Abschnitt 13.1).

Hinweis:
Bei ungünstigen bzw. unklaren Untergrundverhältnissen und großen Belastungen ist eine genauere Erkundung des Untergrunds sowie das Prüfen der Verdichtungswirkung durch ein Erd- und Grundbauinstitut erforderlich, damit die Gefahr späterer Setzungen verringert wird.

Profilgerechte Lage

Das Planung des Untergrundes ist höhengerecht und horizontal oder im vorgeschriebenen Längs- und Quergefälle herzustellen. Abweichungen der Oberfläche des Untergrundes von der Sollhöhe dürfen an keiner Stelle mehr als 3 cm betragen.

Ebenheit

Unebenheiten der Oberfläche des Untergrundes dürfen innerhalb einer 4 m langen Meßstrecke nicht größer als 3 cm sein.

4.3 Tragschichten

Für die Herstellung der Tragschichten sollte VOB Teil C DIN 18 315 „Verkehrswegebauarbeiten, Oberbauschichten ohne Bindemittel" oder DIN 18 316 „Verkehrswegebauarbeiten, Oberbauschichten mit hydraulischen Bindemitteln" vereinbart werden, sofern nicht besondere Regelungen gelten, z.B. für die Tragschichtdicke oder die profilgerechte Lage der Tragschicht.

Nach Abschnitt 3.2 der jeweiligen VOB hat der Auftragnehmer bei seiner Prüfung des Untergrundes erforderlichenfalls Bedenken anzumelden, z.B. insbesondere bei:

- ❑ offensichtlich unzureichender Tragfähigkeit,
- ❑ Abweichungen von der planmäßigen Höhenlage, Neigung oder Ebenheit,
- ❑ schädlichen Verschmutzungen,
- ❑ Fehlen notwendiger Entwässerungseinrichtungen.

In der Praxis wird diese Regelung der VOB leider häufig nicht beachtet.

Das Anliefern des Tragschichtmaterials hat so zu erfolgen, daß das Planum des Untergrundes nicht zu stark aufgewühlt wird. Erforderlichenfalls muß nachplaniert werden. Das Verteilen des Tragschichtmaterials kann von Hand oder maschinell geschehen. Das Material muß so verteilt werden, daß nach der Verdichtung die geforderte Einbaudicke vorhanden ist.

Die Tragschicht ist gleichmäßig zu verdichten, und zwar maschinell durch Walzen oder schwere Rüttelplatten. Zum Verdichten muß das Tragschichtmaterial die geeignete Feuchte haben. Erdfeuchtes Material läßt sich besser verdichten als zu trockenes. Das Rüttelgerät (Doppelvibrationswalzen oder Vibrationsplatten) sollte eine Mindestfliehkraft (Rüttelkraft) von $F \geq 20$ kN haben, z.B. Rüttelplatte AT 2000. Die Überprüfung der gleichmäßigen Verdichtung ist besonders wichtig (s. Abschnitt 13. 1).

Tragschichten mit hydraulischen Bindemitteln sind drei Tage lang nach der Herstellung gegen Austrocknen zu schützen oder ständig feucht zu halten.

Profilgerechte Lage

Die Oberfläche der Tragschicht ist höhengerecht und horizontal oder im vorgeschriebenen Längs- und Quergefälle herzustellen. Abweichungen der Oberfläche von der Sollhöhe dürfen an keiner Stelle mehr als 2 cm betragen. Diese Forderung ist besonders vertraglich zu vereinbaren, denn im Gegensatz hierzu lassen die „Allgemeinen Technischen Vertragsbedingungen für Bauleistungen (ATV)" der VOB Abweichungen von 3 cm zu.

Ebenheit

Damit Minderdicken in der Betonplatte vermieden werden, sollen Unebenheiten der Oberfläche innerhalb einer 4 m langen Meßstrecke nicht größer als 2 cm sein (VOB, DIN 18 315).

4.3.1 Frostschutzschichten

Jede Kies- oder Schottertragschicht kann die Funktion einer Frostschutzschicht übernehmen (s. Abschnitt 3.1). Dazu ist es jedoch erforderlich, daß die Frostschutzschicht als Sickerschicht Anschluß an die Dränrohrleitung besitzt, damit das Grund-, Sicker- und Schichtenwasser abgeführt werden kann (s. Abschnitt 4.1). Da die Frostschutzschicht an der Tragfähigkeit des Betonbodens beteiligt ist, muß auch die Frostschutzschicht einwandfrei verdichtet werden (s. Abschnitt 13.1).

4.3.2 Kiestragschichten

Kiestragschichten werden aus hohlraumarmen, korngestuften Kies-Sand-Gemischen der Körnung 0/32 mm oder 0/63 mm hergestellt. Der im Hochbau leider häufig verwendete „Füllsand" ist hierfür nicht geeignet. Das Gemisch darf also nicht zu viel Feinkorn enthalten. Andererseits muß soviel Feinkorn vorhanden sein, daß beim Verdichten frostempfindlicher Boden von unten nicht eindringen kann.

Entsprechend ihrem Kornaufbau und der Kornverteilung haben Kiestragschichten unterschiedliche Tragfähigkeiten. Die Kornzusammensetzung wird ausgedruckt durch die Ungleichförmigkeitszahl U. Man versteht darunter das Verhältnis der Korngrößen des Siebdurchganges d_{60} bei 60 Masse-% und d_{10} bei 10 Masse-% des gesamten Siebgutes [30].

$$U = \frac{d_{60}}{d_{10}}$$

Korngemische mit Ungleichförmigkeitszahlen $U < 3$ haben eine ungünstige Kornverteilung, sie sind relativ gleichkörnig, lassen sich nicht gut verdichten und haben eine geringe Tragfähigkeit.

Korngemische mit Ungleichförmigkeitszahlen $U > 7$ erreichen eine hohe Lagerungsdichte und damit auch eine höhere Tragfähigkeit.

Bei Kiestragschichten handelt es sich immer um Rundkorngemische, die nach dem Einbau verdichtet worden sind. Es werden dabei unterschieden:

- ❑ Kiestragschichten R 1 mit $U > 7$
- ❑ Kiestragschichten R 2 mit $U = 3$ bis 7
- ❑ Kiestragschichten R 3 mit $U < 3$

Ein Kiesgemisch, welches auch als Betonzuschlag A/B 32 oder A/B 63 verwendet wird, kann stets als Rundkorngemisch R 1 bezeichnet werden.

4.3.3 Schottertragschichten

Schottertragschichten werden aus hohlraumarmen, korngestuften Schotter-Splitt-Sand-Gemischen (Brechkorngemische) der Körnung 0/32, 0/45 oder 0/63 mm hergestellt. Bei sehr günstiger Kornverteilung entsprechend ZTVT-StB [22] oder dem Sieblinienbereich zwischen A und B der DIN 1045 werden diese Tragschichten mit B 1 bezeichnet [30]. Bei Kornzusammensetzungen mit einer Ungleichförmigkeitszahl $U > 7$ nennt man diese Tragschichten B 2. Die Tragfähigkeiten von Schottertragschichten sind wegen der besseren Verzahnung höher als bei Kiestragschichten. Auch hier ist eine gute Verdichtung bei optimalem Feuchtegehalt wichtig. Die Verdichtung läßt sich jedoch wegen der guten Kornverteilung und Kornverzahnung gut erreichen.

Bodenverfestigungen mit hydraulischen Bindemitteln

Wenn geeignete Sand- oder Kiesböden anstehen, können diese auf recht wirtschaftliche Weise durch Einmischen von Zement oder anderen hydraulischen Bindemitteln (z.B. Tragschichtbinder nach DIN 18 506) verfestigt werden. Besonders geeignet sind hydrophobe Bindemittel (z.B. Pectacrete-Zement).

Bei grobkörnigen Böden ist der Bindemittelgehalt bei Eignungsprüfungen zu ermitteln, und zwar für eine 7-Tage-Druckfestigkeit von 4 N/mm^2.

Bei stark huminhaltigen Böden ist für die Beurteilung die Druckfestigkeit nach 28 Tagen maßgebend, sie soll 6 N/mm^2 betragen.

Bei gemischt- und feinkörnigen Böden und bei Böden mit brüchigem, porösem oder angewittertem Korn ist die Bindemittelmenge aufgrund von Frostprüfungen zu bestimmen, wenn diese Bodenverfestigung als Tragschicht für Flächen im Freien zur Anwendung kommt.

Der Bindemittelgehalt für Bodenverfestigungen liegt im allgemeinen bei 80 bis 120 kg/m^3.

Je nach Art des Einmischens werden zwei Bauarten unterschieden:
- Bodenverfestigungen im Baumischverfahren,
- Bodenverfestigungen im Zentralmischverfahren.

Baumischverfahren

Im Baumischverfahren hergestellte Bodenverfestigungen sind besonders bei Einsatz eines geeigneten Gerätes und bei großen Flächen sehr wirtschaftlich.

Bei der Herstellung wird auf den vorhandenen, profilgerecht einplanierten Boden das Bindemittel in der erforderlichen Menge gleichmäßig verteilt aufgestreut. Danach fährt das Mischfahrzeug (eine spezielle Bodenfräse) über die Fläche und reißt den Boden auf, zerkleinert ihn und mischt das Bindemittel mit dem eventuell erforderlichen Wasser ein. Die nachfolgende Verdichtung erfolgt am zweckmäßigsten mit Gummiradwalzen.

Zentralmischverfahren

Im Zentralmischverfahren hergestellte Bodenverfestigungen sind dann wirtschaftlich, wenn entsprechendes Bodenmaterial günstig vorhanden ist und wenn z.B. wegen der Platzverhältnisse oder wegen zu kleiner Flächen kein spezielles Verteil- und Mischgerät eingesetzt werden kann.

Das Bindemittel wird dem vorhandenen Boden oder Kiessand in einer Mischanlage mit dem noch eventuell erforderlichen Wasser zugemischt und von dort in Fahrzeugen zur Einbaustelle angeliefert. Die Verdichtung erfolgt durch Walzen oder schwere Rüttelplatten. Dieses Verfahren ist also auch für kleinere Flächen wirtschaftlich.

4.3.5 Kiestragschichten mit hydraulischen Bindemitteln

Dieses sind Tragschichten aus Rundkorngemischen, die durch Zement oder ein anderes hydraulisches Bindemittel (z.B. Tragschichtbinder nach DIN 18 506) gebunden werden. Die Bindemittelzugabe wird im allgemeinen bei 80 bis 100 kg je m^3 Gemisch liegen. Sie soll so erfolgen, daß die mittlere Druckfestigkeit β_{Wm} = 9 bis 12 N/mm^2 beträgt. Der Wassergehalt ist so zu bemessen, daß beim Einbau des Gemisches eine bestmögliche Verdichtung erreicht wird. Die Verdichtung erfolgt auch hier durch Walzen oder schwere Rüttelplatten.

4.3.6 Schottertragschichten mit hydraulischen Bindemitteln

Tragschichten aus Brechkorngemischen, die durch Zement oder ein anderes hydraulisches Bindemittel (z.B. Tragschichtbinder nach DIN 18 506) gebunden werden, haben wegen der besseren Verzahnung höhere Tragfähigkeiten als Kiestragschichten. Hinsichtlich des Bindemittelgehaltes und der anzustrebenden Festigkeit gilt das gleiche wie im Abschnitt 4.3.5. Das Mischen erfolgt ebenfalls in einer Mischanlage, das Verdichten mit Walzen oder schweren Rüttelplatten.

4.3.7 Betontragschichten

Als Betontragschicht kommt ein Beton der Festigkeitsklasse B 10 nach DIN 1045 in Frage. Im Gegensatz zu den vorgenannten Tragschichten kommt hier ein Betonzuschlag nach DIN 4226 zur Anwendung. Die anzustrebende mittlere Festigkeit des Betons beträgt mindestens 15 N/mm^2. Der Zementgehalt liegt je nach Kornzusammensetzung bei 190 bis 210 kg/m^3 und wird nach Eignungsprüfungen festgelegt. Die Kornzusammensetzung sollte Bild 7.5 entsprechen [22]. Jedes Transportbetonwerk ist auf die Lieferung dieses Betons eingerichtet. Die Verdichtung erfolgt wie bei den anderen Tragschichten mit Walzen oder Rüttelplatten.

Bei höheren Betonfestigkeitsklassen als 20 N/mm^2 müssen in dieser Tragschicht Schein- oder Preßfugen hergestellt werden, und zwar an den Stellen, wo auch die Fugen in der Betonplatte liegen.

4.3.8 Wärmedämmschichten

Für Betonböden im Freien kommen u.a. Wärmedämmschichten aus Porenleichtbeton PLB, aus Beton mit expandiertem Polystyrol (EPS) oder extrudierte Polystyrol-Hartschaumplatten XPS in Frage (s. Abschn. 3.2.7).

Wärmedämmschichten aus EPS-Beton haben sich bewährt, wenn bei frostbeanspruchten Betonflächen die Konstruktionsdicke möglichst gering gehalten werden muß oder wenn mit größeren Sicherheiten gebaut werden soll.

Für Betonböden in beheizten Hallen kann aus Gründen des Wärmeschutzes eine Wärmedämmung erforderlich sein (s. Abschnitt 3.2.7). Zum einwandfreien Verlegen der Dämmschichtplatten ist eine feste Unterlage erforderlich. Sofern keine gebundene Tragschicht verwendet wird, ist auf der Kies- oder Schottertragschicht eine 5 cm dicke Sauberkeitsschicht aus Beton B 10 oder ein 3 cm dicker Zementestrich ZE 20 einzubauen. Darauf sind die Dämmplatten nach Herstelleranweisung zu verlegen.

Polystyrol-Extruderschaumplatten können lose verlegt werden. Es ist besonders darauf zu achten, daß die Stufenfalze an den Plattenstößen dicht anschließen.

Schaumglasplatten werden nach einem Bitumenvoranstrich auf der gereinigten Beton- bzw. Estrichfläche vollflächig in Heißbitumen verlegt. Die Verlegeanweisungen des Herstellers sind zu beachten.

Auf den verlegten Dämmplatten ist eine Schutzschicht erforderlich. Hierfür ist ein 3 cm dicker Schutzestrich ZE 20 einzubauen, oder es sind mindestens 6 mm dicke Bauschutzmatten (z.B. aus Polyurethan-Kautschuk) zu verlegen, damit die Dämmplatten beim Einbauen des Betons nicht beschädigt werden.

4.3.9 Profilgerechte Lage und Ebenheit

Die Oberfläche ist wie bei Tragschichten höhengerecht und horizontal oder im vorgeschriebenen Längs- und Querprofil herzustellen. Abweichungen der Oberfläche von der Sollhöhe dürfen an keiner Stelle mehr als 2 cm betragen. Diese Forderung ist besonders vertraglich zu vereinbaren, denn im Gegensatz hierzu lassen die „Allgemeinen Technischen Vertragsbedingungen für Bauleistungen (ATV)" der VOB Abweichungen von 3 cm zu.

Unebenheiten der Oberfläche dürfen bei einem Abstand der Meßpunkte von 4 m nicht größer als 2 cm sein (VOB, DIN 18 315).

4.4 Trenn- und Gleitschichten

Die Trenn- und Gleitschichten sollen mehrere Aufgaben erfüllen.

Für Trennschichten ist eine Reißfestigkeit von mindestens 15 N/mm² Reißdehnung von mindestens 250 % erforderlich. Dazu ist Polyethylen-Folie geeignet, wenn sie kräftig genug ist, z.B. PE-Folie ≥ 0,2 mm nach DIN 18 195.

Für Gleitschichten sind entweder spezielle Gleitfolien zu verwenden oder mindestens zwei Lagen Kunststoffolie mit den vorgenannten Eigenschaften. Bei großen Flächen kommt es im wesentlichen darauf an, daß die Reibung zwischen Tragschicht und Betonplatte möglichst gering gehalten wird. Das kann z.B. durch sorgfältiges Verlegen von Kunststoffolien erreicht werden. Dabei ist wichtig:

- das Planum darf nicht uneben und rauh sein,
- die Folie soll sich nicht in das Planum eindrücken,
- die Folie darf keine Löcher bekommen und möglichst keine Falten schlagen.

Die einzelnen Bahnen sollen möglichst breit gewählt werden und sind in Längsrichtung zu verlegen. Die Bahnen müssen sich seitlich um mind. 10 cm überlappen, ihre Enden müssen sich um mind. 25 cm überdecken.

Bei bewehrten Betonplatten soll die Kunststoffolie durch eine Abdekkung geschützt werden, damit die Bewehrung und insbesondere die Abstandhalter die Kunststoffolie nicht beschädigen. Die Abdeckung kann z.B. durch Bauschutzmatten oder einen mindestens 3 cm dicken Zementestrich erfolgen.

5 Ausgangsstoffe und Zusammensetzung des Betons

Die Beanspruchungen des Betonbodens erfordern es, sowohl an die Gesamtkonstruktion als auch an den Beton hohe Anforderungen zu stellen. Die verschiedenartigen Beanspruchungen wurden in Abschnitt 2 behandelt.

5.1 Anforderungen an den Beton

Vom Frischbeton wird eine gute Verarbeitbarkeit entsprechend der vorgesehenen Einbauweise und eine genügend lange Verarbeitungszeit verlangt.

Vom Festbeton werden folgende Eigenschaften gefordert:
- hohe Druckfestigkeit,
- hohe Biegezugfestigkeit,
- ggf. hoher Frost-Tausalzwiderstand,
- ggf. hoher Widerstand gegen chemischen Angriff,
- hoher Verschleißwiderstand,
- gute Ebenheit der Oberfläche.

Die geforderten Frischbeton- und Festbetoneigenschaften sind durch sorgfältige Überwachung während der Herstellung und während des Einbaues des Betons sicherzustellen.

In Tafel 5.1 sind die Anforderungen an den Beton in Abhängigkeit von der Beanspruchung zusammengestellt. Aus Spalte 5 ist zu erkennen, daß besonders bei hohen Lasten eine hohe Biegezugfestigkeit gefordert wird. Sie ist erforderlich, da die Betonplatte im Regelfall ohne Bewehrung hergestellt wird. Die Biegezugfestigkeiten sind stets bei der Eignungsprüfung nachzuweisen, nicht jedoch bei späteren Güteprüfungen.

Anforderungen an Beton B II mit Eigenüberwachung und Fremdüberwachung müssen nicht erfüllt werden, auch wenn es sich um Beton B 35 oder B 45 handelt. Diese Anforderungen sind erst dann einzuhalten, wenn die Betonplatte eine aussteifende und tragende Funktion im Sinne der DIN 1045 hat (Abschn. 1.3 und 3.4).

5.2 Ausgangsstoffe

Die Auswahl geeigneter Ausgangsstoffe für die Zusammensetzung des Betons ist wichtig, da nur hierdurch die geforderten Eigenschaften des Betons erreicht werden können.

5.2.1 Zement

Für die Herstellung von Betonplatten sind Zemente nach DIN 1164 grundsätzlich geeignet. Im allgemeinen werden jedoch Portlandzemente der Festigkeitsklasse CEM 32,5 R verwendet. Bei Beton mit hoher Frühfestigkeit wird vorteilhaft CEM 42,5 R eingesetzt, wobei jedoch auf die stärkere Wärmeentwicklung besonders bei hohen Außentemperaturen zu achten ist.

5.2.2 Betonzuschlag

Als Zuschlag soll nur gesundes und beständiges Gestein mit dichtem Gefüge und hoher Festigkeit verwendet werden. Der Zuschlag muß DIN 4226 entsprechen.

Die Kornzusammensetzung sollte bei stetiger Sieblinie im mittleren Bereich zwischen den Sieblinien A und B liegen. Bei unstetiger Sieblinie (Ausfallkörnung) ist die Verarbeitbarkeit durch Eignungsprüfungen abzuklären. Bei beiden Arten der Kornzusammensetzung ist der Sandanteil 0/2 mm auf 30 Masse-% zu begrenzen (s. Tafel 5.2).

Die Zuschläge sind getrennt nach Zuschlagart und Körnung anzuliefern, zu lagern und bei der Betonbereitung abzumessen.

Bei Einzellasten über 40 kN und bei einer Begrenzung des Schleifverschleißes auf 9 cm^3 je 50 cm^2 ist die Verwendung von gebrochenem Zuschlag über 11 mm bzw. 5 mm als Hartsteinsplitt erforderlich (s. Tafeln 2.5, 3.4 und 3.5).

Bei der Auswahl des Sandes ist auf die Anteile bis 0, 125 mm und 1 mm besonders zu achten. Hierfür sind mit dem Lieferwerk begrenzte Streubereiche zu vereinbaren, damit zu große Schwankungen keine schädli-

Tafel 5.1: Anforderungen an den Beton [nach Lohmeyer]

Bereich	max. Belastung (Einzellast, Radlast) Q in kN	Beton-festig-keits-klasse	Nenn-festig-keit β_{WN} in N/mm²	Serien-festig-keit β_{WS} in N/mm²	Biege-zug-festig-keit β_{BZ} in N/mm²	Mindest-Luftporengehalt bei Flächen im Freien: im Mittel Vol.-%	Einzelwerte Vol.-%
1	20	B 25	25	30	4,5	4,5	4,0
2	40	B 35	35	40	5,0		
3	80	B 35	35	40	5,5		
4	100	B 45	45	50	6,0		

chen Beeinträchtigungen der Betoneigenschaften mit sich bringen. Höchstwerte sind z.B. 3 Masse-% 0/0,125 mm und höchstens 20 Masse-% 0/1 mm bei 32 mm Größtkorn.

Flächen im Freien

Bei Betonböden im Freien darf nur Zuschlag mit erhöhten Anforderungen an den Widerstand gegen Frost- und Taumittel eFT verwendet werden. Maßgebend ist DIN 4226 Teil 1 Abschn. 7.5.4. Beispiel für die Angabe bei der Bestellung: Zuschlag DIN 4226 - 8/16 - eFT.

Tafel 5.2: Grenzwerte für die Betonzusammensetzung [nach Lohmeyer]

Zementgehalt	z ≤ 350 kg/m³ (in besonderen Fällen ≤ 370 kg/m³)
Wassergehalt	w ≤ 165 l/m³
Mehlkorngehalt 0/0,125 mm	k ≤ 400 kg/m³ (in besonderen Fällen ≤ 420 kg/m³)
Luftporengehalt[1)]	p_l ≥ 4,0 Vol.-% als Einzelwert bei Frost-Tausalzbeanspruchung p_m ≥ 4,5 Vol.-% als Mittelwert
Wasserzementwert (s. auch Tafeln 3.5 u. 3.6)	w/z ≤ 0,50 bei Frost-Tausalzbeanspruchung[1)] w/z ≤ 0,50 bei starkem chemischen Angriff w/z ≤ 0,53 bei einfacher Beanspruchung in Hallen[2)]
Zuschlag 0/2 mm	g_2 ≤ 30 Masse-% bei 16 oder 32 mm Größtkorn

1) nur bei Betonflächen im Freien oder anderen frost-tausalzbeanspruchten Flächen erforderlich
2) siehe Tafel 3.5 und 3.6

w/z-Wert bei Frost-Tausalz-beanspruchung	w/z-Wert bei Wasserundurchlässigkeit und bei schwachem chemischen Angriff	w/z-Wert bei starkem chemischen Angriff	Korngruppen nach DIN 4226 mm
0,50*)	0,60*)	0,50*)	0/2; 2/8; > 8*)

*) Die Betonfestigkeitsklasse, die Biegezugfestigkeit oder die Verschleißbeanspruchung erfordern gegebenenfalls einen niedrigeren w/z-Wert bzw. besondere Zuschläge (s. Tafeln 3.4 und 3.5).

5.2.3 Betonzusätze

Als Betonzusätze können sowohl Zusatzmittel als auch Zusatzstoffe verwendet werden.

Betonzusätze müssen entweder normgerecht sein oder sie bedürfen einer Zulassung vom Deutschen Institut für Bautechnik Berlin. Vor der Anwendung sind stets Eignungsprüfungen durchzuführen.

Zusatzmittel

Betonzusatzmittel müssen eine Zulassung vom Deutschen Institut für Bautechnik in Berlin besitzen. Es ist darauf zu achten, daß für die Zusatzmittel vom Hersteller eine Wirksamkeitsprüfung nach den „Richtlinien für die Prüfung der Wirksamkeit von Betonzusatzmitteln" durchgeführt wurde.

Luftporenbildner (LP-Mittel) sind zur Erhöhung des Widerstandes gegen Frost und Frost-Tausalz erforderlich. Sie müssen nur für Betonflächen im Freien verwendet werden und bei Betonflächen, die an Freiflächen anschließen (z.B. Hallenböden im Bereich von Toreinfahrten).

Betonverflüssiger (BV) sind dann erforderlich, wenn die Verarbeitbarkeit des Betons verbessert werden soll. Durch Verringerung des Wasseranspruchs kann aber auch der Wasserzementwert verringert werden, wodurch die Eigenschaften des Festbetons verbessert werden.

Fließmittel (FM) werden für Beton mit Fließmittel oder für frühhochfesten Beton verwendet. Da die Wirksamkeit von Fließmitteln zeitlich begrenzt ist, werden sie dem Beton erst kurz vor der Verarbeitung auf der Baustelle zugemischt.

Erstarrungsverzögerer (VZ) können besonders bei heißer Witterung und bei längeren Transportzeiten zweckmäßig sein. Sie verlangern die

Verarbeitungszeit, was bei geringem Personaleinsatz und bei der Verwendung einfacher Geräte erforderlich werden kann. Erstarrungsverzögerer ermöglichen eine intensive Nachverdichtung des Betons, ggf. noch am nächsten Tag.

Die Verwendung anderer Zusatzmittel ist im allgemeinen nicht nötig. Es kann jedoch erforderlich werden, Zusatzmittel verschiedener Wirkungsgruppen einzusetzen, z.B. Betonverflüssiger BV und Luftporenbildner LP. Die verwendeten Zusatzmittel sollen möglichst vom selben Hersteller kommen.

Zusatzstoffe

Als Betonzusatzstoffe können Pigmente und Füller oder Mikrosilica zum Einsatz kommen.

Pigmente werden nur in Sonderfällen eingesetzt, und zwar dann, wenn eine gefärbte Betonfläche verlangt wird. Pigmente reichern den Mehlkorngehalt des Betons an und können die Verarbeitbarkeit des Betons ungünstig beeinflussen. Ein gleichmäßiges Einmischen der Pigmente ist nur bei Mischern mit besonders guter Mischwirkung und ausreichend langer Mischzeit möglich.

Füller sind Elektro-Filter-Aschen, also im wesentlichen Flugaschen von Steinkohlekraftwerken. Durch Füller können fehlende Mehlkorngehalte ersetzt werden, wenn sie eine geeignete Kornform mit glasiger und kugeliger Oberfläche besitzen. Die Verarbeitbarkeit des Betons kann dadurch verbessert werden. Flugasche muß DIN EN 450 entsprechen.

Mikrosilica ist ein puzzolanisch wirkender Zusatzstoff, der die Feinstporenstruktur des Betons günstig verändert. Mikrosilica entsteht bei der Herstellung von Siliciummetall im Elektroschmelzofen. Das bei dieser Edelmetallherstellung entstehende Rauchgas kondensiert bei sehr hoher Temperatur, wobei feinste, kugelförmige, amorphe Siliciumdioxid-Partikel entstehen. Ihre spezifische Oberfläche ist mit 15 bis 25 m^2/g besonders groß. Der reaktive Anteil an Siliciumdioxid liegt bei 90 bis 98 %. Mikrosilica wird als 50 %ige wäßrige Suspension in fast stabiler Form geliefert und kann über Pumpen dosiert werden. Durch Zugabe von Mikrosilica zum Beton können folgende Vorteile erreicht werden:

- ❑ weniger und kleinere Poren im Betongefüge,
- ❑ Verbesserung der Wasserundurchlässigkeit,
- ❑ höherer Widerstand gegen mechanischen und chemischen Angriff,
- ❑ Erhöhung und Festigkeit des Betons.

Es entstehen jedoch erhebliche Mehrkosten. Eine Zulassung vom Deutschen Institut für Bautechnik Berlin liegt vor.

5.3

Betonzusammensetzung

Die Zusammensetzung des Betons ist aufgrund von Eignungsprüfungen so festzulegen, daß er sich als Frischbeton gut verarbeiten läßt und als Festbeton die gestellten Anforderungen erfüllt. Es ist zu empfehlen, bei der Betonzusammensetzung die in Tafel 5.2 angegebenen Grenzwerte einzuhalten. Bei Anforderungen an die Druck- bzw. Biegezugfestigkeit ist Tafel 3.5 zu beachten; bei Anforderungen an den Verschleißwiderstand gilt Tafel 3.6.

Die Zusammensetzung des Betons ist aber nicht nur von der Art der späteren Beanspruchung abhängig, sondern auch wesentlich von der Einbauweise. Selbstverständlich haben auch die verwendeten Ausgangsstoffe auf die Zusammensetzung einen Einfluß. Es können daher für die Betonzusammensetzung nur Beispiele genannt werden, die ggf. eine Ausgangsbasis für Eignungsprüfungen darstellen (Tafel 5.3).

Es sind erhebliche Unterschiede, ob der Beton mit Rüttelbohle oder mit Straßenfertiger eingebaut wird oder ob der Beton mit Walzen verdichtet werden soll (Walzbeton, s. Abschn. 7.3.5). Bei Stahlfaserbeton können die Stahlfasern im Transportbetonwerk oder auf der Baustelle im Mischfahrzeug eingemischt werden. Besondere Zugabevorrichtungen sind erforderlich. Wenn für die Stahlfaserzugabe keine Abwiegevorrichtung vorhanden ist oder nicht genutzt werden kann, ist das Betonvolumen einer Mischung auf das Gewicht der Stahlfaserbeutel einzustellen. Es muß gewährleistet sein, daß die benötigte Stahlfasermenge je m^3 auch tatsächlich zugegeben wird.

Flächen im Freien

Besonders hingewiesen sei auf den erforderlichen Luftporengehalt bei Beton für Frost-Tausalzbeanspruchung. Es gilt dies nur für Betonflächen im Freien und auch für Flächen, auf die die Fahrzeuge Tausalz einschleppen und die zumindest zeitweilig befrostet werden (z.B. Rampen, Hallenbereiche bei Toreinfahrten).

Bei Beton mit Fließmittel ist der Luftporengehalt des Ausgangsbetons um 0,5 bis 1,0 Vol.-% höher anzusetzen, damit nach Zumischen des Fließmittels der erforderliche Gehalt an künstlichen Luftporen vorhanden ist.

Bei Beton mit Vakuumbehandlung ist ebenfalls ein um 1 Vol.-% höherer Luftporengehalt anzustreben, da nicht auszuschließen ist, daß bei der Vakuumbehandlung der Gehalt an künstlichen Luftporen vermindert wird.

Bei Eignungsprüfungen ist zu beachten, daß der Gehalt an künstlichen Luftporen bei der späteren Ausführung kleiner sein kann, und zwar in folgenden Fällen:
- ❑ geringerer Wassergehalt des Betons,
- ❑ andere Frischbetontemperatur,

Tafel 5.3: Beispiele für die Zusammensetzung von Beton B 35 für Betonböden [nach Lohmeyer]

		Beton für Straßenfertiger	
1		2	
Zement		340 kg	CEM 32,5 R
Wasser		145 kg	
Sand	0/2 mm	460 kg	25 %
Kiessand	2/8 mm	360 kg	20 %
Kies	8/16 mm	410 kg	23 %
Splitt	16/22 mm	620 kg	32 %
Luftporenbildner		1400 cm^3	
Betonverflüssiger		–	
Fließmittel		–	
Wasserzementwert		0,43	
Mehlkorngehalt	0/0,125 mm	365 kg	
Zementleimgehalt		255 l/m^3	
Luftporengehalt*)		4,7 Vol.-%	
Konsistenz		KS	
Verdichtungsmaß		1,38	
Ausbreitmaß		–	

*) Nur bei Betonflächen im Freien oder ans Freie grenzenden Flächen erforderlich. Beim Gütenachweis gemessene Werte.

- größere Menge an Betonverflüssiger BV oder Fließmittel FM,
- niedrigere Dosierung des Luftporenbildners LP.

6 Einbau der Bewehrung, Dübel und Anker

Bewehrung, Dübel und Anker sind bei den meisten Betonböden nicht erforderlich (s. Abschnitt 3.4.1 und 3.5.6). Falls sie in besonderen Fällen dennoch erforderlich sind, können folgende Hinweise für den Einbau hilfreich sein.

6.1 Bewehrung

Mattenbewehrung muß (wenn überhaupt) zweilagig eingebaut werden, also unten und oben in der Platte. Sie ist im allgemeinen vor dem Betonieren zu verlegen und durch Montagebewehrung, Abstandhalter und Bindedraht gegen Herunterdrücken und Verschieben zu sichern. Dazu ist eine feste Abdeckung der Gleitfolie erforderlich, damit sich die Abstandhalter nicht in die Unterkonstruktion drücken. Eine solche Abdeckung ist üblicherweise eine Sauberkeitsschicht aus 5 cm Beton B 10; sie kann aus einem 3 cm dicken Zementestrich ZE 20 bestehen (s. Abschn. 3.3).

Beton mit Fließmittel		Frühhochfester Beton mit Fließmittel		Beton für Vakuumbehandlung	
3		4		5	
340 kg	CEM 32,5 R	370 kg	CEM 42,5 R	310 kg	CEM 32,5 R
160 kg		140 kg		180 kg	
505 kg	28 %	535 kg	29 %	560 kg	30 %
270 kg	15 %	295 kg	16 %	150 kg	8 %
505 kg	29 %	480 kg	27 %	715 kg	39 %
535 kg	28 %	550 kg	28 %	455 kg	23 %
1500 cm^3		2400 cm^3		–	
–		–		–	
5100 cm^3		11000 cm^3		–	
0,47 (0,49)		0,38 (0,41)		0,58	0,47
375 kg		415 kg		360 kg	
270 l/m^3		259 l/m^3		280-34 = 246 l/m^3	
4,8 Vol.-%	4,2 Vol.-%	4,4 Vol.-%	4,0 Vol.-%	–	
KP	KR	KS	KR	KR	
–	–	1,35	–	–	
35 cm	45 cm	–	44 cm	45 cm	

Die erforderliche Betondeckung der Bewehrung ist unten mit nom c ≥ 3 cm und oben mit nom c ≥ 4 cm anzunehmen. Matten aus zu dünnen Stäben sind ungeeignet und müssen vermieden werden. Der einwandfreie Einbau solcher Matten ist nur selten zu praktizieren. Die schwächste für Betonböden mögliche Mattenbewehrung sind Lagermatten Q 378. Bewehrungen dieser Art sind jedoch nicht imstande, das Entstehen von Rissen zu verhindern oder die entstehende Rißbreite wesentlich zu begrenzen (s. Abschnitt 3.4.2 und 15.2).

Spannstahlbewehrung kann zusätzlich zur Mattenbewehrung vorgesehen werden. Spannstahlbewehrung kann aber auch als alleinige Bewehrung wirksam sein, wenn sie die Gefahr des Entstehens von Rissen beim Abfließen der Hydratationswärme während des anfänglichen Erhärtens oder beim nachfolgenden Schwinden vermindern soll. Die Spannstahl bewehrung kann als Litzenbewehrung mit Kunststoffummantelung oder als Einzelspannglieder in Metallhüllrohren eingebaut werden (s. Abschn. 3.4.3). Sie ist meistens in zwei Richtungen erforderlich. Sie ist also kreuzweise anzuordnen, liegt stets in Höhenmitte der Platte und ist vor dem Betonieren vollständig zu verlegen. Sie ist durch Abstandhalter in der Höhenlage zu sichern. Nur in besonderen Fällen soll ein späteres

Einziehen in Hüllrohre vorgesehen werden. An einem Ende werden die Spannglieder mit einer entsprechenden Ankerplatte einbetoniert, während das andere Ende zum Spannen bis zum ausreichenden Erhärten frei bleiben muß, und zwar so, daß die Spannvorrichtung angesetzt werden kann. GEWI-Stähle können von Hand mit Drehmomentenschlüsseln gespannt werden, während sonst Spannpressen erforderlich sind.

Zur Vermeidung von Schwind- und Temperaturrissen sowie im Hinblick auf ein schnelles Weiterarbeiten an den Spannbereichen ist es zweckmäßig, möglichst frühzeitig die Vorspannung aufzubringen. Dies ist jedoch erst zulässig, wenn durch Erhärtungsprüfung nachgewiesen ist, daß die Würfeldruckfestigkeit des Betons $\beta_D = 16\ N/mm^2$ erreicht hat. Dieses ist durch Erhärtungsprüfungen nachzuweisen (s. Abschn. 13.2.3). Der richtige Zeitpunkt kann bei normalen Erhärtungsbedingungen bereits nach zwei Tagen, bei frühhochfestem Beton schon nach 18 Stunden erreicht sein.

Ein Auspressen der Hüllrohre zum Korrosionsschutz ist meistens nicht erforderlich, wenn die Spannstahlbewehrung keine statische Funktion, sondern nur eine rißverhindernde Aufgabe während der kritischen Phase innerhalb der ersten Monate zu erfüllen hat (s. Abschn. 3.4.3).

Stahlfaserbewehrung kann in besonderen Fällen sinnvoll sein, im Normalfall werden Betonplatten nicht bewehrt (s. Abschn. 3.4.4). Faserbewehrung hat gegenüber Mattenbewehrung den Vorteil, daß vor dem Betoneinbau keine Bewehrung verlegt werden muß. Die Stahlfasern werden dem Beton beim Mischen im Werk oder dem Mischfahrzeug auf der Baustelle zugegeben. Die Bewehrung wird sozusagen mit dem Beton eingebaut. Eine besondere Abdeckung der Unterkonstruktion (z.B. bei gebundener Tragschicht) oder der Trennlage durch eine Sauberkeitsschicht ist nicht erforderlich.

Einige Stahlfasern reichen mit einem Ende bis an die Betonoberfläche oder liegen flach unter der Oberfläche. Hierdurch kann die Nutzung des Betonbodens beeinträchtigt werden, und es entstehen kleine Rostflecken. Je nach Nutzung der Halle sollte die Betonoberfläche mit einer Deckschicht versehen werden. Diese kann eine Hartstoffschicht nach Abschn. 8.8 sein.

6.2 Dübel

Dübel sollen die Querkraftübertragung ermöglichen, die gleiche Höhenlage der Platten im Fugenbereich sicherstellen, die Längsbewegung der Platte jedoch nicht behindern. Dazu müssen die Dübel exakt eingebaut sein, also genau in Höhenmitte der Platte liegen und parallel in Richtung der Plattenachse angeordnet werden. Damit eine Längsbewegung im Fugenbereich möglich ist, soll jeder Dübel mit einer gleichmäßigen Kunststoffbeschichtung versehen sein.

Als Dübel sind glatte Rundstähle Ø 25 mm von 50 cm Länge zu verwenden. Der Abstand der äußeren Dübel vom Plattenrand sollte 25 cm betragen, die darauf folgenden Dübel sollten bei häufigen Lastwechseln in Fahrspuren ebenfalls in 25 cm Abstand eingebaut werden (z.B. 4 oder 5 Dübel). Für die anderen Dübel genügen Abstände von 50 cm (Bild 3.10).

Bei Raumfugen ist auf das Ende des Dübels eine Blech- oder Kunststoffhülse zu stecken, damit sich die Dübel beim Verkleinern der Raumfugen infolge Plattenausdehnungen nicht stauchen (Bild 3.9). Für das Verlegen der Dübel sind besondere Dübelkörbe zweckmäßig, die den Dübeln die richtige Lage sichern. Dübelkörbe und Dübel werden vor dem Betonieren verlegt und miteinander verbunden, so daß ein Verschieben während des Betonierens nicht möglich ist. Die Dübel werden durch die Fugeneinlage durchgeführt, wobei die Fugeneinlage durch die Seitenschalung gehalten wird. Wenn die Gefahr des Verbiegens der aus dem erstbetonierten Bauteilabschnitt herausstehenden Dübel besteht, bevor das weitere Anbetonieren erfolgt, können hierfür auch Schraubdübel verwendet werden.

Bei Preßfugen (Bild 3.7) können Dübelkörbe und Dübel gleicher Art wie bei Raumfugen verwendet werden. Für die Dübel ist jedoch keine Hülse erforderlich, da die Preßfugen ohnehin keine Verlängerung der Betonplatten gestatten.

Nicht parallel eingebaute oder verbogene Dübel bewirken eine Verankerung der benachbarten Platten, wodurch es zu Rissen an anderen Stellen der Platten kommen kann.

Bei nicht eindruckfester Tragschichtoberfläche kann es zweckmäßig sein, gegen Wegsacken des Dübelkorbes einen Streifen reißfestes Filtervlies unter den Dübelkörben zu verlegen.

6.3 Anker

In besonderen Fällen (z.B. an Randplatten im Freien) können Anker erforderlich werden.

Anker sollen das Auseinanderwandern der Platten verhindern. Sie werden ebenfalls in der Mitte der Plattendicke eingebaut und hierfür durch die Seitenschalung gesteckt. Damit ein einfaches Ausschalen möglich ist, sollen sie ebenfalls rechtwinklig zur Fuge angeordnet werden. Die

Anker können auch mit einem abgebogenen Schenkel entlang der Schalung eingebaut werden, so daß nach dem Entschalen dieser Schenkel rechtwinklig zurückgebogen wird.

Anker sind aus Rippenstahl Ø 16 mm zu verwenden, sie haben eine Länge von 60 cm. Erforderlich sind mindestens drei Anker je Platte. Bei großen Plattenlängen sollte der Abstand höchstens 1,5 m betragen.

7 Herstellen und Einbauen des Betons

Nach dem Ort des Mischens wird der Beton als Transportbeton oder als Baustellenbeton bezeichnet. Das Zusammensetzen und Mischen des Betons erfolgt meistens in Transportbetonwerken. Von dort wird der Beton in Mischfahrzeugen zur Baustelle transportiert. Das Einbauen des Betons wird von Bauunternehmen vorgenommen, häufig aber auch von Spezialunternehmen, die als Subunternehmer für die Bauunternehmen tätig werden. Zum Gelingen eines Betonbodens ist sowohl ein einwandfreies Herstellen als auch ein sorgfältiges Einbauen des Betons nötig. Daher ist eine genaue Abstimmung zwischen Bauunternehmen und Transportbetonwerk erforderlich. Dazu gehören insbesondere:

- ❑ Festlegen der genauen Betonzusammensetzung,
- ❑ Vereinbaren eines bestimmten Konsistenzbereichs,
- ❑ Betonierbeginn,
- ❑ stündliche Betonmenge.

Genaue Absprachen helfen, Pannen von vornherein zu vermeiden.

7.1 Herstellen des Betons

Unabhängig vom Herstellort (Transportbeton oder Baustellenbeton) sind die folgenden Anforderungen an das Zumessen der Ausgangsstoffe und das Mischen des Betons einzuhalten.

7.1.1 Zumessen der Ausgangsstoffe

Alle Ausgangsstoffe sind mit einer Genauigkeit von mindestens 3 Masse-% zuzugeben.

Der Zement und die Betonzuschläge sind stets nach Gewicht zu dosieren. Die Waagen müssen in angemessenen Zeitabständen überprüft werden.

Die Wassermenge ist unter Berücksichtigung der jeweiligen Oberflächenfeuchte der Betonzuschläge und der Witterung zu bemessen. Das Ansteifen des Betons bis zum Beginn des Entladens ist zu berücksichtigen. Das vereinbarte Konsistenzmaß muß bei der Übergabe auf der Baustelle vorhanden sein.

Der Mischerführer muß also bemüht sein, daß trotz schwankender Oberflächenfeuchte des Zuschlags ein Beton mit gleichbleibender Konsistenz hergestellt wird. Das ist in der Praxis nicht einfach zu erreichen. Automatisch arbeitende Geräte zur Messung der Oberflächenfeuchte des Zuschlags sind wertvolle Hilfen. Andererseits ist das geübte Auge eines Mischerführers ein hervorragendes Organ zum Einhalten einer gleichbleibenden Konsistenz, wenn die Restwasserzugabe nach Augenschein erfolgt.

Die Zusatzmittel müssen exakt dosiert werden. Das kann von Hand mit Meßbechern erfolgen oder mit Hilfe genau arbeitender Pumpen. Bei geringen Zusatzmittelmengen sollte die Zugabe nicht unmittelbar in den Mischer erfolgen, sondern mit dem Wasserstrom zugeführt werden. Auf die genaue Dosierung der Zusatzmittel ist besonders zu achten.

7.1.2 Mischen des Betons

Der Beton ist in Betonmischanlagen ausreichend lange zu mischen. Damit ein gleichmäßiges Gemisch erreicht wird, muß der Beton wenigstens 1 Minute nach Zugabe aller Stoffe gemischt werden. Bei Mischern mit besonders guter Mischwirkung dürfen 30 Sekunden nicht unterschritten werden.

Der Mischer muß von einem erfahrenen Mischerführer bedient werden, der in der Lage ist, die festgelegte Konsistenz einzuhalten.

Die für einen zügigen Einbau erforderliche Betonmenge muß von der Mischanlage gemischt werden können, damit es während des Einbaues nicht zu Verzögerungen kommt.
Das Mischen des Betons von Hand ist nicht zulässig.

7.2 Transportieren des Betons

Man unterscheidet zwischen dem Befördern des Betons *zur Baustelle* und dem Fördern des Betons *auf der Baustelle*.

7.2.1 Befördern des Betons

Werkgemischter Transportbeton der Konsistenz KS darf mit Fahrzeugen ohne Mischer oder Rührwerk befördert werden. Der Beton ist während des Transportes mit Planen abzudecken.

Frischbeton der Konsistenz KP und KR darf nur in Mischerfahrzeugen oder in Fahrzeugen mit Rührwerk zur Baustelle befördert werden. Der Beton ist vor dem Entladen nochmals so durchzumischen, daß er gleichmäßig zusammengesetzt übergeben wird.

Der Beton soll spätestens 90 Minuten nach dem Mischen vollständig entladen sein, soweit nicht Verzögerer verwendet werden. Wenn mit einem beschleunigten Versteifen des Betons (z.B. durch warmes Wetter oder Fließmittel) zu rechnen ist, so ist die Zeit bis zum Entladen des Betons entsprechend zu kürzen, erforderlichenfalls auf die halbe Zeit.

Beim Entleeren des Betonfahrzeugs muß der Beton die vereinbarte Konsistenz aufweisen. Die Konsistenz des Betons an der Einbaustelle muß gleichmäßig sein. Der bei der Eignungsprüfung festgelegte Wasserzementwert darf nicht überschritten werden. Eine zusätzliche Wasserzugabe würde eine Qualitätsminderung des Betons bedeuten. Die Rißgefahr würde erhöht, verstärkte Absandungen der Betonoberfläche sind möglich.

Der Fahrer des Mischfahrzeugs muß eine Anweisung erhalten, daß er ohne vorherige Abstimmung mit dem zuständigen Betontechnologen des Transportbetonwerks kein Wasser zugeben darf. Wenn die Konsistenz des Betons zu steif ist, kann erforderlichenfalls Fließmittel FM nach Anweisung des Werks zugegeben werden. Die Verantwortung für die Zusammensetzung des Betons bleibt beim Transportbetonwerk, solange der Beton das Mischfahrzeug nicht verlassen hat, sofern nicht besondere Vereinbarungen getroffen wurden.

Pumpen des Betons

Befördern des Betons zur Baustelle, Fördern des Betons auf der Baustelle und Einbauen des Betons sind so aufeinander abzustimmen, daß der Beton vor Erstarrungsbeginn fertig verarbeitet werden kann.

Das Fördern des Betons zur Einbaustelle kann entweder durch das Transportbetonfahrzeug selbst oder durch Kippfahrzeuge, Krankübel, Förderbänder oder Betonpumpen erfolgen. Die Förderart ist auch von der Art des Betoneinbaues abhängig.

7.2.2

Fördern des Betons

Wenn ein Einbringen des Betons direkt vom Transportbetonfahrzeug aus nicht möglich ist, wird es bei großen Flächen am günstigsten sein, den Beton zur Einbaustelle zu pumpen. Lediglich bei steifem Beton für den Einbau mit Straßenfertigern ist das Pumpen nicht ausführbar.

Die Förderleitungen für Pumpbeton können auch durch unwegsames Gelände über mehrere hundert Meter Länge verlegt werden. Außerdem werden durch diese Förderart sowohl die Tragschicht als auch die Trennschicht geschont. Beim Einbau der Betonplatte in fertige Hallen stören weder Dach noch einengende Verhältnisse das Fördern des Betons.

Die Betonpumpe muß auf die Förderleistung (Menge und Entfernung) abgestimmt sein. Beim Pumpen des Betons sind große Leistungen zu erreichen.

Der Beton muß besonders gleichmäßig zusammengesetzt und stetig angeliefert werden, wenn Störungen im Pumpbetrieb (Verstopfer) vermieden werden sollen.

7.3 Einbau des Betons

Beim Anliefern und Einbau des Betons ist darauf zu achten, daß sich Trenn- und Gleitschichten nicht verschieben und die Folien keine Falten schlagen oder reißen. Wenn bei gebundenen Tragschichten keine Folien verwendet werden, muß die Unterlage vor dem Aufbringen des Betons gründlich genäßt werden. Dem Beton darf kein Wasser entzogen werden, da es zum Erhärten fehlen würde. Außerdem verdrängt das nach unten sickernde Wasser die Luft aus der Unterlage. Die aufsteigende Luft würde zu Blasen im Beton führen.

Der Beton ist sofort nach der Anlieferung abzunehmen und zügig einzubauen. Er muß verdichtet und die Oberfläche eben abgezogen werden. Zum Verdichten werden im allgemeinen Rüttelbohlen eingesetzt. Beim Abziehen der Betonoberfläche sind für die Führung der Rüttelbohle entweder höhengenaue Lehren, Seitenschalungen oder vorher gefertigte Betonflächen nötig. Anders ist es, wenn besondere Einbauverfahren zum Einsatz kommen, wie z.B. lasergeführte Betonfertiger bzw. Screeder.

Beim großflächigen Betoneinbau sind im Normalfall Abziehlehren zu versetzen, die über dem Beton angeordnet werden und von speziellen Böcken gehalten sind. Die Betonoberfläche geht unter diesen Lehren ungehindert durch. Die Rüttelbohle wird auf den Abziehlehren geführt. Sie läuft auf Rollen, mit denen die seitlichen Konsolen bestückt sind. Die eigentliche Rüttelbohle ist also zwischen den Abziehlehren eingehängt (Bild 7.3).

Beim Betonieren einzelner Bahnen (Streifen 1, 3 und 5 vor den Streifen 2 und 4) sind in Längsrichtung die Seitenschalungen aus Stahl oder Holz höhengerecht zu verlegen und gegen Verschieben und Verrücken in jeder Richtung zu sichern. Durch den Abstand der Seitenschalungen werden Einbaubreite und Längsfugenabstand bestimmt. Durch seitliches Anbetonieren entstehen Preßfugen in Längsrichtung. Es ist zweckmäßig, im Bereich der Randstützen der Halle einen Plattenstreifen vorweg zu betonieren oder erst später einzubauen. Die Seitenschalung kann besser verlegt und der Beton leichter abgezogen werden.

Beim Betonieren einzelner Felder sollte schachbrettartig gearbeitet werden. Es sind die Seitenschalungen feldweise zu versetzen, es entstehen rundum Preßfugen (Bild 3.6).

Abziehbreiten über 6 m in sollten bei hoher Ebenheitsforderung ohne Spezialgerät möglichst vermieden werden. Voraussetzung für eine ebene Oberfläche ist ein exaktes Abziehen, dieses ist ausschlaggebend für das Endergebnis.

Die Oberfläche ist im erforderlichen Gefälle und im Bereich der zulässigen Ebenheitstoleranzen herzustellen. Angaben hierzu enthalten Abschnitte 8.5 bis 8.7 und Tafel 8.6.

Beim Einbau des Beton ist zu beachten, daß trotz der zulässigen Ebenheitstoleranzen oder bei ungenauer Höhenlage der Tragschicht die erforderliche Dicke der Betonplatte an jeder Stelle vorhanden sein muß.

7.3.1 Einbau des Betons mit Straßenfertiger

Der klassische Einbau mit einem Fertiger ist dann vorteilhaft, wenn einerseits das geeignete Einbaugerät zur Verfügung steht und andererseits die Länge der Betonfläche so groß ist, daß sich der Einsatz eines Fertigers mit lasergesteuerter Höheneinstellung, oder daß sich bei schienengeführten Fertigern die Montage der schweren Schalungsschienen lohnt. Die mögliche Fertigungsbreite bestimmt die Abstände der Längsfugen. Fertigungsbreiten von 2,50 m, 3,25 m, 3,75 m, 7,50 m und 8,50 m sind üblich, da hierfür Geräte meistens vorhanden sind. Aber auch Breiten von 3,50 m, 4,00 m, 5,00 m oder 6,00 m können hergestellt werden. Auf jeden Fall sollte bei einem entsprechenden Projekt eine einheitliche Fertigungsbreite gewählt werden. Bei breiten Flächen können mehrere Streifen nebeneinander gelegt werden, wobei zweckmäßigerweise die Streifen 1, 3, 5 usw. mit beiderseitigen Schalungsschienen ausgeführt werden. Man arbeitet also mit übersetzten Streifen. Später werden die Streifen 2, 4 usw. dazwischen betoniert, so daß an die vorhandenen Plattenstreifen mit Preßfuge angearbeitet wird. Dazu werden flache Abziehlehren auf die benachbarten bereits erhärteten Streifen gelegt. Zum Zeitpunkt des Dazwischenbetonierens sollte der vorhandene Beton mindestens 70 % der geforderten Druckfestigkeit erreicht haben.

Die Laufflächen der Schalungen oder der Abziehlehren müssen im Arbeitsbereich sorgfältig sauber gehalten werden. Die Seitenflächen der Schalungen sind mit einem Trennmittel einzustreichen.

Die Konsistenz des Betons muß der Verdichtungsarbeit der eingesetzten Geräte entsprechen, meistens wird mit steifem Beton der Konsistenz KS gearbeitet. Dieser Beton kann nicht gepumpt werden, er ist mit anderen Fördergeräten zur Einbaustelle zu fördern. Hierbei ist darauf zu achten, daß Tragschicht und Folienlagen nicht beschädigt werden. Es bietet sich daher an, den Transport über die Nachbarstreifen durchzufahren und den Beton von der Seite einzubauen.

Der Beton ist gleichmäßig zu schütten und zu verteilen. Er darf sich dabei nicht entmischen und auch nicht ungleich dicht lagern. Der unverdichtete Beton soll nicht betreten werden. Eine unterschiedliche Lagerungsdichte des geschütteten Betons hat eine ungleichmäßige Verdichtung und Unebenheiten zur Folge.

Der Beton ist auf ganzer Fläche gleichmäßig und vollständig zu verdichten. Dazu ist das sorgfältige Einhalten der richtigen Konsistenz und eine gleichmäßige Schüttdichte erforderlich.

Wenn beim ersten Arbeitsgang kein gleichmäßiger Oberflächenschluß erreicht wurde, ist auf die Fehlstellen Frischbeton aufzutragen und durch das Verdichten bei einem weiteren Fertigerübergang ein Oberflächenschluß zu erlangen. Es ist unzulässig, den Oberflächenschluß durch Aufbringen von Mörtel oder Wasser oder durch Pudern mit Zement zu schaffen.

Für Betonböden im Industriebau, die oft nur eine begrenzte Länge aufweisen, wird der Einsatz von Straßenfertigern häufig problematisch. Hier kann eine andere Einbauweise sinnvoller sein.

7.3.2 Beton mit Fließmittel

Beton mit Fließmittel für Betonböden ist ein leicht verarbeitbarer Beton im Bereich der Regelkonsistenz KR [36] Dieser Beton muß durch leichtes Rütteln verdichtet werden. Beim Bau von Betonböden soll kein eigentlicher Fließbeton zur Anwendung kommen. Der Beton kann zur Einbaustelle gepumpt werden. Anforderungen an Beton mit Fließmittel sind in DIN 1045 [1] und in ZTV Beton-StB [20] festgelegt. Vor Beginn der Betonierarbeiten muß das mit der Verarbeitung befaßte Personal von einem Betonfachmann über die Besonderheiten eines solchen Betons eingehend unterrichtet werden.

Ausgangsbeton

Beton als Transportbeton darf nur in Mischfahrzeugen angeliefert werden (s. Abschn. 7.2.1). Der Ausgangsbeton muß ein gutes Zusammenhaltevermögen aufweisen, damit auch der Beton mit Fließmittel einen guten Zusammenhalt besitzt. Das Ausbreitmaß des Ausgangsbetons sollte bei 35 cm liegen, also im Bereich des plastischen Betons der Konsistenz KP. Das Ausbreitmaß darf 41 cm nicht überschreiten. Bei der Eignungsprüfung, die vorher stets durchzufahren ist, muß besonders auf einen optimalen Gehalt an Mehlkorn und Sand bis 1 mm geachtet werden. Zu geringe oder zu hohe Gehalte sind ungünstig.

Bei Beton für Frost-Tausalzbeanspruchung soll der Luftporengehalt um 0,5 bis 1,0 Vol. % höher angesetzt werden, damit der geforderte Luftporengehalt nach Zumischen des Fließmittels tatsächlich vorhanden ist.

Zumischen des Fließmittels

Das Fließmittel wird dem Beton erst nachträglich zugemischt, und zwar direkt vor der Verarbeitung, spätestens jedoch 45 Minuten nach der Wasserzugabe. Es muß so lange gemischt werden, bis das Fließmittel vollständig untergemischt und ein gleichmäßiges Betongefüge entstanden ist. Für das Zumischen des Fließmittels darf bei Mischfahrzeugen eine Mischzeit von 5 Minuten nicht unterschritten werden. Das Zugeben des Fließmittels sollte so erfolgen, daß das Fließmittel im Mischfahrzeug möglichst gleichmäßig über den Beton verteilt wird. Die Zugabe an der Auslauföffnung ist meistens ungeeignet. Die Fließmittelmenge ist von der Konsistenz abhängig und wird bei der Eignungsprüfung bestimmt. Sie liegt bei etwa 8 bis 15 cm^3 je kg Zement. Während der Bauausführung ist die Zugabemenge des Fließmittels den Erfordernissen (z.B. Temperaturänderungen) anzupassen.

Die verflüssigende Wirkung von Fließmitteln ist auf 30 bis 60 Minuten nach dem Zumischen des Fließmittels begrenzt. Darauf ist die Abnahme und Verarbeitung des Betons einzurichten.

Konsistenz des Betons mit Fließmittel

Das Ausbreitmaß sollte möglichst 45 cm nicht überschreiten, auf keinen Fall aber größer als 50 cm sein. Bei Beton mit gebrochenem Zuschlag (Splitt) ist das Ausbreitmaß unbedingt auf 45 cm zu begrenzen. Es ist anzustreben, das Ausbreitmaß mit einer Genauigkeit von ± 2 cm einzuhalten.

Die erforderliche Konsistenz des Betons ist von mehreren Einflüssen abhängig:

- ❑ Art des Betons,
- ❑ Neigung der Betonoberfläche,
- ❑ Art des Abziehens und der Verdichtung,
- ❑ Art der Oberflächenbearbeitung,
- ❑ Frischbetontemperatur.

Bei hohen Temperaturen (> 20 °C) kann eine weichere Konsistenz zweckmäßig sein. Größere Neigungen erfordern eine steifere Konsistenz.

Verzögerung des Betons

Die Verzögerung des Erstarrungsverhaltens kann bei höheren Temperaturen hilfreich sein oder sogar erforderlich werden [37]. Für eine spätere Nachverdichtung des Betons (z.B. durch besondere Oberflächenbearbeitung am nächsten Tag) ist eine Verzögerung vorteilhaft. Hierfür ist die Zugabe eines Erstarrungsverzögerers VZ zweckmäßig. Die Zugabe kann gleichzeitig mit dem Fließmittel kurz vor der Übernahme des Betons erfolgen. Die Menge des zuzugebenden Zusatzmittels (Fließmittel + Verzögerer) hängt von der Eignungsprüfung ab.

Neigung (Gefälle)

Längs- bzw. Querneigungen der Betonoberfläche > 3 % sind schwierig herzustellen. Die Konsistenz des Betons ist entsprechend steifer einzustellen. Außerdem kann es wegen des besseren Zusammenhalts vorteilhaft sein, mit gebrochenem Zuschlag zu arbeiten und möglichst grobkörnigen Zuschlag zu verwenden. Ein zweilagiger Einbau kann nötig werden, obwohl ein einlagiger Einbau im allgemeinen vorzuziehen ist. Darüber hinaus ist das Ansteifen des Betons abzuwarten, bevor das endgültige Abziehen der Betonoberfläche erfolgt.

Schalung, Abziehlehren und Abziehbohlen

Wesentlich einfacher als beim Einbau mit Straßenfertigern ist bei Beton mit Fließmittel die Frage der Schalung bzw. der Abziehlehren zu lösen. Man kann den Beton ebenfalls in Streifen einbauen, wobei durch die Breite des Plattenstreifens der Längsfugenabstand gegeben ist. Es ist hierfür eine leichte Stahl- oder Holzschalung verwendbar, auf der die Bohle zum Abziehen und Verdichten des Betons geführt wird (Bild 7.1).

Bei großen Flächen und Fugenabständen, die von üblichen Breiten der Betonierstreifen abweichen, kann auf die Seitenschalung verzichtet werden, jedoch nicht auf Abziehlehren; es sei denn, daß besondere Einbauverfahren zum Einsatz kommen, z.B. lasergeführte Betonfertiger bzw. Screeder.

Im Normalfall erfordert die Ebenflächigkeit ein möglichst genaues Abziehen der Oberfläche. Hierfür können exakt einstellbare Abziehlehren als Führung für die Abziehbohle montiert werden. Als Stützen für die Lehren benutzt man zweckmäßigerweise höhenverstellbare Spindelböcke in Abständen von etwa 2 m. Diese Spindelböcke werden in ein Rohrstück gestellt, welches vorher in einen Betonfuß oder in die Sauberkeitsschicht einbetoniert wurde (Bild 7.2). Diese Stützen für die Abziehlehren stehen standsicher auf der Trennschicht bzw. der Schutzmatte.

Die Abziehlehren bestehen aus Rechteckstahlrohren (z.B. 100 mm x 50 mm x 3 mm) und werden über der künftigen Betonoberfläche in den U-förmigen Halterungen der Spindelböcke gegen Kippen festgeklemmt. Durch die Spindeln werden die Stahlrohre auf genaue Höhe gebracht und ausgefluchtet.

Der Abstand der Lehren muß der Länge der Abziehbohle entsprechen, was jedoch keinen Einfluß auf die künftige Fugeneinteilung hat, da die Betonoberfläche unter den höher liegenden Lehren durchläuft. Die Abziehbohle wird mit beidseitigen, höhenverstellbaren Auslegern auf den Abziehlehren geführt (Bild 7.3). Der nächste Streifen schließt an den vorher betonierten und verdichteten Streifen an. Eine fluchtgerechte und parallele Anordnung der Abziehlehren ermöglicht es, die unverdichteten Restbereiche unter den Lehren, die von der Rüttelbohle nicht erfaßt werden, möglichst schmal zu halten, z.B. 8 cm breit. Diese Streifen sind mit Innenrüttlern zu verdichten und von Hand abzuziehen. Der untere Teil

Bild 7.1: Stahlschalungsschienen für 16 und 18 cm dicke Betonplatten, indem die Schienen um 90° gekippt werden. Verankerung mit Erdnägeln. Die breite Auflagerfläche ermöglicht außerdem ein Abstellen der Arbeitsbühne.

der Böcke kann einbetoniert werden, der obere Teil ist wiederverwendbar. Wenn jedoch das Ziehen der Böcke nötig ist, muß beim Verdichten dieses Streifens im Rückwärtsgang einwandfreier Beton nachgefüllt werden. Die Oberfläche ist in diesem Bereich neu abzuziehen. Ungünstig ist es, nach dem Ziehen der Böcke die Fußeindrücke nur mit der Tatsche zuzuziehen.

Bild 7.2: Spindelbock zum Halten der Abziehlehren. Die hier sichtbare Bewehrung kann keine besondere Aufgabe erfüllen. (Werkfoto: Noggerath-Tremix)

Bild 7.3: Abziehen und Verdichten des Betons mit Zwillingsrüttelbohle, die auf Abziehlehren über der Betonfläche geführt wird. (Werkfoto: Noggerath-Tremix)

Abziehen und Verdichten des Betons

Auch Beton mit Fließmittel, der als plastischer Beton KP oder im Bereich der Regelkonsistenz KR eingebaut werden sollte, muß verdichtet werden. Die Rüttelenergie darf allerdings nicht zu groß sein, damit es nicht zum Entmischen des Betons kommt.

Beton mit Fließmittel ist wegen des baldigen Ansteifens durch die begrenzte Wirkungsdauer des Fließmittels zügig einzubauen. In der Regel stehen für den Einbau kaum mehr als 30 Minuten zur Verfügung. Ein Unterbrechen der Verarbeitung des fertig gemischten Betons muß daher vermieden werden. Die Abziehbreite darf nicht zu groß sein und sollte 6 m möglichst nicht überschreiten.

Das Abziehen des Betons mit einer Rüttelbohle dient mehr dem höhengleichen Herstellen einer einwandfreien Oberfläche als einer Verdichtung. Eine intensive Verdichtung ist weder erforderlich noch erwünscht. Es soll daher die Fliehkraft des Rüttlers nicht zu groß sein. Gegebenenfalls ist die Fliehkraft neu einzustellen durch Verringern der Exzentrizität der Unwuchtmasse. Außerdem soll der Rüttler so laufen, daß die Vorwärtsbewegung der Rüttelbohle unterstützt wird. Zweckmäßig kann es auch sein, den Rüttler so zu kippen, daß die üblicherweise vertikal gerichteten Schwingungen zu horizontal gerichteten Bewegungen werden. Das erleichtert das Abziehen und verhindert Entmischungen des Betons durch zu intensive Verdichtung.

Es muß beim Abziehen darauf geachtet werden, daß der Beton so hoch geschüttet ist, daß sich beim langsamen Vorwärtsziehen vor der Rüttelbohle eine kleine Rolle bildet und daß die Betonoberfläche hinter der

Bild 7.4: Abziehen und Verdichten des Betons im zweiten Arbeitsgang mit einwandfrei geschlossener Betonoberfläche

Bohle geschlossen ist (Bild 7.4). Erfolgt das Verteilen des Betons so, daß zu viel Beton vor der Rüttelbohle liegt, wird der Beton hinter der Bohle hochquellen. Hierdurch entstehen Unebenheiten. Ein mehrfaches Abziehen kann erforderlich sein.

Allgemein ist darauf zu achten, daß die Rüttelbohle nicht zu lange auf einer Stelle rüttelt. Die Erfahrung zeigt außerdem, daß die anders gearteten Schwingungen beim Ein- und Abschalten der Rüttelbohle zu Entmischungen an der Betonoberfläche führen. Die Rüttelbohle sollte hier-zu auf einer Zwischenlage auf den Abziehlehren hochgestellt werden.

Das Personal muß angewiesen werden, nicht unnötig im Frischbeton herumzustehen oder durch den einzubringenden Beton zu laufen. Das wird oft nicht eingesehen, schadet aber der späteren Betonoberfläche, da es hierbei zur Entmischung und zur Anreicherung von Zementschlämme im oberen Bereich kommt.

7.3.3 Frühhochfester Beton

Häufig stellt sich die Aufgabe, neue Betonböden schnell der Nutzung zu übergeben. Früher bestand die Vorstellung, daß bis zu einer Freigabe im allgemeinen zwei bis drei Wochen vergehen müssen. Bei Verwendung von frühhochfestem Beton ist eine leichte Nutzung schon nach 24 Stunden möglich, während die volle Belastung nach 48 Stunden erfolgen kann [56].

Frühhochfester Beton mit Fließmittel bietet folgende Vorteile:

- leichte Verarbeitung, dadurch keine schweren Einbau- und Verdichtungsgeräte,

- ❑ Einsparung von Personal- und Gerätekosten, allerdings höhere Materialkosten,
- ❑ frühe Nutzung, dadurch entfallen lange Sperrzeiten.

Die frühe Belastbarkeit wird durch eine entsprechende Betonzusammensetzung erreicht:

- ❑ *Zement mit hoher Frühfestigkeit:*
  Es kommen alle Zemente CEM 42,5 R in Frage.
- ❑ *Größerer Zementgehalt:*
  Er liegt im allgemeinen bei ≤ 370 kg/m³, ist aber abhängig vom Wasserzementwert und vom Wasseranspruch der Zuschläge.
- ❑ *Niedriger Wasserzementwert:*
  Wegen der erforderlichen schnellen Festigkeitsentwicklung darf der Wasserzementwert nicht größer als 0,40 sein.
- ❑ *Ausgangskonsistenz:*
  Das Ausbreitmaß soll zwischen 25 und 33 cm liegen oder das Verdichtungsmaß zwischen 1,40 und 1,20, besser zwischen 1,35 und 1,28.
- ❑ *Größere Fließmittelmenge:*
  Für eine ausreichende Fließfähigkeit bei geringem Wassergehalt wird die erforderliche Fließmittelmenge bei 1,5 bis 3% vom Zementgewicht liegen.
- ❑ *Art des Fließmittels:*
  Das Fließmittel darf die Festigkeitsentwicklung nicht verzögern.
- ❑ *Verarbeitungskonsistenz:*
  Das Ausbreitmaß sollte bei 45 cm liegen und 48 cm nicht überschreiten.
- ❑ *Günstige Kornzusammensetzung:*
  Die Zusammensetzung und die Art des Betonzuschlags müssen so sein, daß mit einer geringeren Wassermenge gearbeitet werden kann. Ausfallkörnungen haben sich oft als ungünstig erwiesen.
- ❑ *Höhere Frischbetontemperatur:*
  Die Frischbetontemperatur sollte beim Einbau nicht unter 20 °C liegen, darf jedoch 30 °C nicht überschreiten.

Die Festigkeitsentwicklung des Betons ist von der Beton- und Lufttemperatur abhängig. Die erforderlichen Eignungsprüfungen sind daher bei den zu erwartenden Temperaturverhältnissen durchzuführen. Hinsichtlich des Mischens, Einbauens und Abziehens des Betons bestehen keine wesentlichen Unterschiede zum normalen Beton mit Fließmittel (s. Abschnitt 7.3.2), die kürzere Verarbeitbarkeitszeit ist jedoch zu berücksichtigen.

Folgende Hinweise sind besonders zu beachten:

- ❑ Die Zeit vom Mischen des Betons im Betonwerk bis zum Zumischen des Fließmittels auf der Baustelle soll möglichst nicht mehr als 30

Minuten betragen, da die verflüssigende Wirkung des Fließmittels i.a. um so schwächer ist, je mehr die Hydratation des Zementes inzwischen eingesetzt hat.

- ❏ Die Zeit vom Zumischen des Fließmittels bis zur abschließenden Verarbeitung verkürzt sich auf 20 bis 30 Minuten, da die verflüssigende Wirkung des Fließmittels wegen des geringeren Wassergehaltes und der größeren Fließmittelmenge schneller nachläßt.
- ❏ Nachdosierungen von Wasser sind nicht statthaft.

Festigkeitsentwicklung des frühhochfesten Betons

Die schnellere Festigkeitsentwicklung ist im wesentlichen auf die höhere Frühfestigkeit des Zements und den niedrigen Wasserzementwert zurückzuführen. Durch den recht hohen Zementgehalt besteht die Gefahr, daß die obere Grenze des Mehlkorngehalts von 400 kg/m^3 erreicht wird. Es kann ein Mehlkorngehalt bis 420 kg/m^3 zugelassen werden.

Die im Abschnitt 5.3 Tafel 5.3 beispielhaft genannte Betonzusammensetzung bringt etwa folgende Festigkeitsentwicklung bei Lufttemperaturen um + 15 °C:

nach	24	Stunden	$\beta_w = 21$ N/mm^2
nach	48	Stunden	$\beta_w = 36$ N/mm^2
nach	3	Tagen	$\beta_w = 43$ N/mm^2
nach	7	Tagen	$\beta_w = 48$ N/mm^2

Eine wesentliche Festigkeitszunahme über die 7-Tage-Festigkeit hinaus ist kaum zu erwarten.

7.3.4 Beton mit Vakuumbehandlung

Bei Betonböden im Industriebau bietet sich als zweckmäßige Bauweise auch die Vakuumbehandlung an [61]. Die Vakuumbehandlung des Betons ist keine Art der Nachbehandlung, sondern Teil eines besonderen Einbauverfahrens. Durch die nach dem Einbauen und Verdichten stattfindende Vakuumbehandlung wird ein Teil des Anmachwassers abgezogen. Der Wasserzementwert wird dadurch verringert, was einer Qualitätssteigerung entspricht. Es ist also zur Beurteilung eines solchen Betons nicht der Wasserzementwert des Ausgangsbetons, sondern der nach der Vakuumbehandlung erreichte Wasserzementwert maßgebend. Der w/z-Wert kann durch Rückrechnung des bei der Vakuumbehandlung abgezogenen Wassers bestimmt werden (s. Tafel 5.3).

Der klar steuerbare und taktförmige Arbeitsablauf, die Erhöhung der Früh- und Endfestigkeit sowie das Verringern des Schwindens sind wesentliche Vorteile der Vakuumbehandlung des Betons.

Ein weiterer Vorteil des Vakuumbetons ist die mögliche Beschränkung des Mehlkorngehalts und des Sandgehalts:

bei 32 mm Größtkorn:	Mehlkorngehalt	0/0,125 mm	≤ 360 kg/m³
	Sandgehalt	0/2 mm	≤ 520 kg/m³
bei 22 mm Größtkorn:	Mehlkorngehalt	0/0,125 mm	≤ 380 kg/m³
	Sandgehalt	0/2 mm	≤ 560 kg/m³
bei 16 mm Größtkorn:	Mehlkorngehalt	0/0,125 mm	≤ 400 kg/m³
	Sandgehalt	0/2 mm	≤ 560 kg/m³

Je nach Art der Abziehbohle kann der Beton in plastischer oder weicher Konsistenz eingebaut werden mit Ausbreitmaßen von a = 36 bis 45 cm. Wasserreicher Beton ist auch bei Vakuumbehandlung zu vermeiden. Der Wassergehalt sollte 180 kg/m³ nicht überschreiten. Ein Beispiel für die Betonzusammensetzung zeigt Tafel 5.3. In den meisten Fällen ist die Betonförderung zur Einbaustelle mit Betonpumpen möglich.

Die Größe der Belegschaft ist auf die Einbauart und die einwandfreie Bearbeitung der Betonoberfläche abzustellen. Dabei sind nachstehende Arbeitsgänge zu berücksichtigen, die taktartig aufeinander folgen:
- Fördern, Einbringen, Verteilen, Abziehen und Verdichten des Betons,
- Umsetzen der Lehren, Verfüllen der Löcher nach dem Herausziehen der Spindelböcke, Ausgleichen und Verdichten der Streifen unter den Lehren,
- Vakuumbehandlung des Betons,
- ggf. Auftragen und Einarbeiten einer Hartstoffschicht,
- maschinelles Abgleichen und Glätten in mehreren Übergängen,
- Nachbehandlung des Betons,
- Schneiden der Fugen.

Betonplatten im Freien, die durch Frost und Tausalz beansprucht werden, müssen auch bei Vakuumbeton stets mit Luftporenbildnern LP hergestellt werden. Der Luftporengehalt ist um 1 Vol.-% höher anzusetzen: $p_m \geq 5,5$ Vol.-% (siehe Tafel 5.2).

Schalung, Abziehlehren und Abziehbohle

Es gilt hierfür das gleiche wie bei Beton mit Fließmittel (s. Abschn. 7.3.2). Jedoch wird eine stärkere Verdichtung erforderlich sein, da der Beton nicht so weich eingebaut wird, wie es bei einem Beton mit Fließmittel der Fall ist.

Die Böcke für die Lehren können von der vakuumbehandelten Fläche aus gezogen werden, ohne Fußeindrücke zu hinterlassen.

Abziehen und Verdichten des Betons

Nach dem Verteilen des Betons sind die Ränder entlang der Schalung bzw. unter den Abziehlehren mit einer Rüttelflasche vorzuverdichten. Danach erfolgt das flächige Verdichten des Betons mit einer Rüttelbohle, die möglichst eine Zwillingsrüttelbohle sein soll; es sei denn, es wird mit einem Fertiger gearbeitet. Bei breiten Plattenstreifen sind lange Rüttelbohlen erforderlich, die eine eingebaute Spannvorrichtung besitzen, wodurch die Durchbiegung ausgeglichen werden kann (Bild 7.3). Der Beton muß so hoch geschüttet sein und die Rüttelbohle so langsam vorwärts bewegt werden, daß sich vor der Bohle eine kleine Rolle bildet und hinter der Bohle die Betonoberfläche geschlossen ist (Bild 7.4). Sollte keine geschlossene Oberfläche entstanden sein, ist Beton auf die Fehlstelle aufzubringen und mit einem zweiten Übergang zu verdichten. Es ist nicht zulässig, einen Oberflächenschluß durch Aufbringen von Schlämme oder Wasser oder durch Pudern mit Zement herzustellen. Bei dicken Betonplatten mit $d > 20$ cm wird es meistens nötig sein, den Beton im unteren Bereich vorweg mit einer Rüttelflasche zu verdichten, da die Tiefenwirkung der Rüttelbohlen begrenzt ist.

Damit bei den nachfolgenden Arbeiten die abgezogene Fläche nicht begangen werden muß, sind Laufbohlen quer über die Schalung oder Abziehlehren zu legen.

Vakuumbehandlung des Betons

Auf die verdichtete und frisch abgezogene Betonfläche werden Filtermatten und Saugschalungen (Matten oder Platten) verlegt. Die Kanten der Saugschalungen müssen an allen vier Seiten auf dem Beton dicht aufliegen. Das dicht auf dem Beton liegende Filtergewebe verhindert vollständig, daß die Feinstbestandteile des Betons (Zement, Mehlkorn) mit dem Wasser abfließen.

Der durch die Vakuumpumpe erzeugte Unterdruck von 0,1 bis 0,2 bar bewirkt, daß die Differenz zum normalen Luftdruck auf den Beton als Druckkraft wirkt.

Dieser Differenzdruck von 0,8 bis 0,9 bar (80 bis 90 kN/m^2) schafft eine dichtere Lagerung des Betongefüges durch statische Verdichtung.

Die Dauer der Vakuumbehandlung beträgt etwa 1 bis 2 Minuten je cm Betontiefe. Es sind etwa 0,3 l Wasser je m^2 Betonfläche und je 1 cm Plattendicke abzusaugen. Beim Einsatz mehrerer Saugschalungen, die man im Wechsel an die Vakuumpumpe anschließt, kann bei zwei- bis dreimaligem Umsetzen je Stunde eine Fläche von 50 bis 100 m^2 vakuumbehandelt werden. Der Einsatz von Vakuumpumpen ist zweckmäßig bei großen Flächen.

Direkt nach der Vakuumbehandlung kann die weitere Oberflächen-Bearbeitung erfolgen.

7.3.5 Walzbeton

Der Einbau des Walzbetons kann in der erforderlichen Schichtdicke mit einem Straßenfertiger erfolgen, oder es wird der Beton in üblicher Weise verteilt und eingeebnet. Das Verdichten wird mit einer Glattmantel- oder Gummiradwalze durchgeführt. Walzbeton läßt sich nur dort mit ausreichender Sicherheit einbauen, wo ein Verdichten mit Walzen ohne

Behinderung des Walzvorganges (z.B. durch Stützen, Kanäle, Schächte) möglich ist. Zum Verdichten muß der eingebaute Beton eine sehr steife Konsistenz aufweisen, damit die Walzen nicht einsinken. Da hierzu nur ein geringer Wasserbedarf besteht, läßt sich ein günstiger Wasserzementwert auch mit niedriger Zementmenge einhalten. Bei genügender Verdichtung können mit Zementmengen von etwa 250 kg/m³ Festigkeiten von 35 N/mm² erreicht werden.

Für eine einwandfreie Verdichtung soll der Wassergehalt des Betons deutlich unter dem optimalen Wassergehalt der einfachen Proctordichte liegen. Der optimale Wassergehalt ist durch Versuche zu bestimmen. Es sind korngestufte Gemische zu verwenden. Das bedeutet, daß die Kornverteilung innerhalb des Sieblinienbereichs in Bild 7.5 liegen soll (nach ZTVT [22]).

Eine Erweiterung der Sieblinienbereiche nach ZTVT für sandreiche Mineralstoffgemische stellt der mit „A" gekennzeichnete Bereich in Bild c) dar. In diesen Bereich fallen Mineralstoffgemische, deren Sieblinie nicht ausschließlich im Bereich „B" verläuft.

Die gewählte Sieblinie ist während der Ausführung möglichst einzuhalten, damit Verdichtungsunterschiede und Festigkeitsschwankungen vermieden werden.

Ein ausreichender Oberflächenschluß kann nur erreicht werden, wenn der Kornanteil 0/2 mm mehr als 25 Gew.-% am Gesamtgemisch beträgt. Der Kornanteil kleiner als 0,063 mm sollte nicht mehr als 5 Gew.-% betragen. Für Flächen, die der Frosteinwirkung ausgesetzt sind, ist Material mit hohem Frostwiderstand zu verwenden.

Betonböden aus Walzbeton brauchen eine Deckschicht bzw. Verschleißschicht. Ausreichend ist die nicht ebene und nicht vollständig geschlossene Oberflächenstruktur nur bei untergeordneten Nutzungen. Walzbetonflächen sind daher keine einschichtigen Betonböden.

8 Oberflächenbearbeitungen

Zur Vervollständigung der Betonplatte gehört eine dem Zweck und der Nutzung des Betonbodens entsprechende Oberflächenbearbeitung. Hierbei kann im wesentlichen zwischen folgenden Verfahren unterschieden werden: Besenstrich, Abreiben, Glätten.

Für die Wahl einer geeigneten Oberflächenqualität sollen die Angaben der Tafel 8.1 in Verbindung mit den Tafeln 2.5 und 3.5 Hinweise geben.

Bild 7.5: Kornverteilung für hydraulisch gebundene Tragschichten und für Walzbeton (nach ZTVT-StB) [22]

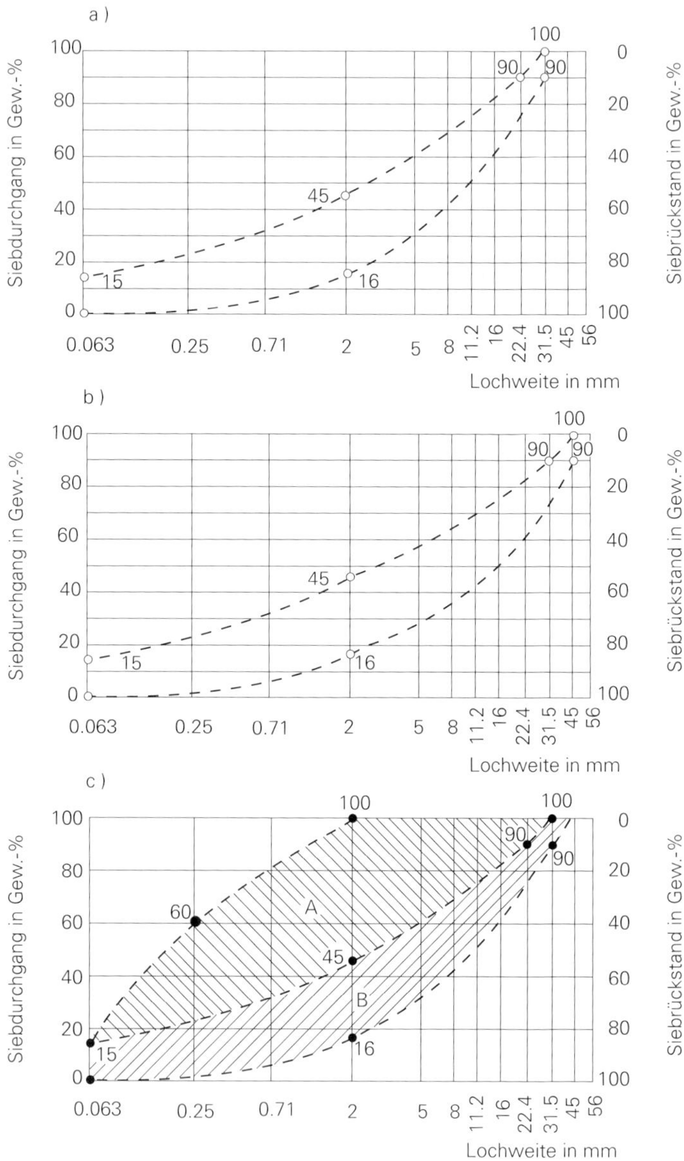

a) Sieblinienbereich 0/32 mm
b) Sieblinienbereich 0/45 mm
c) Sieblinienbereich 0/32 mm für sandreiche Mineralstoffgemische nach Merkblatt (Bereich A) [27] und Sieblinienbereich nach ZTVT (Bereich B) [22]

8.1 Besenstrich

Bei jeder Einbauart, mit Ausnahme der Vakuumbehandlung, kann die abschließende Oberflächenbearbeitung durch Besenstrich erfolgen. Hierbei wird die abgezogene Betonoberfläche mit einer Feinstruktur versehen, indem ein Besen über den Beton gezogen wird, und zwar Streifen neben Streifen in einer Richtung. Die Rauhigkeit der Oberflächenstruktur wird durch die Art des verwendeten Besens bestimmt: Ein harter Stahlbesen erzeugt eine andere Struktur als ein Piasavabesen oder ein Haarbesen. Der Zeitpunkt für das Aufbringen des Besenstrichs ist dann passend, wenn der Beton soweit angesteift ist, daß die entstehende Struktur erhalten bleibt. Es entsteht eine griffige und rauhe Oberfläche. Ein Teil der Zementschlämme wird von den obenliegenden Zuschlagkörnern entfernt. Es muß jedoch vermieden werden, daß durch einen zu feuchten Besen zusätzlich Wasser auf die Oberfläche gebracht wird.

Für Flächen, die eine erhöhte Rutschsicherheit bieten sollen, ist diese Art der Oberflächenbearbeitung sinnvoll; sie ist wirtschaftlich herzustellen.

8.2 Abgleichen
(Abscheiben)

Im Anschluß an das Verdichten des Betons und Abziehen der Betonoberfläche kann ein maschinelles Abgleichen erfolgen, wenn ein Besenstrich eine zu rauhe Oberfläche liefern würde. Hierzu sind Geräte mit

Tafel 8.1: Oberflächen von Betonplatten [nach Lohmeyer]

Oberflächengüte	Oberflächenbeschaffenheit	Schleifverschleiß nach DIN 52 108
E Einfache Anforderungen	B 25 ohne besondere Oberflächenvergütung, abgezogen mit Besenstrich	≤ 15 cm³/50 cm² (Tafel 2.5 und 3.5 Bereich 1)
N Normale Anforderungen	B 35 ohne besondere Oberflächenvergütung, abgezogen mit Besenstrich	≤ 12 cm³/50 cm² (Tafel 2.5 und 3.5 Bereich 2)
W Erweiterte Anforderungen	Grobkorn > 8 mm zu 50% aus Splitt, abgezogen mit Besenstrich oder Hartstoffauftrag ≥ 5 kg/m², abgescheibt und geglättet durch mindestens drei Übergänge	≤ 9 cm³/50 cm² (Tafel 2.5 und 3.5 Bereich 3)
B Besondere Anforderungen	Hartstoffschicht nach DIN 18 560, abgescheibt und geglättet durch mindestens fünf Übergänge	≤ 7 cm³/50 cm² (Tafel 2.5 und 3.5 Bereich 4)

Tellerscheiben erforderlich. Größere Unebenheiten können nicht mehr ausgeglichen werden, es können aber auch kaum zusätzliche Vertiefungen entstehen. Die Oberfläche hat nach dem Abgleichen die typische Sandpapierstruktur. Es sind mehrere Arbeitsgänge erforderlich.

Bei der Vakuumbehandlung kann das Abgleichen sofort nach dem Entfernen der Absaugmatten erfolgen, bei den anderen Einbauarbeiten ist das Ansteifen des Betons abzuwarten.

Eine abgescheibte (abgeriebene) Oberfläche eignet sich für eine nachfolgende Oberflächenbehandlung (Versiegelung, Beschichtung) besonders gut.

8.3 Glätten

Das Glätten der Betonoberfläche erfolgt ebenfalls maschinell, und zwar nach vorherigem Abscheiben. Zum Glätten eignen sich Flügelglätter, die ähnlich wie Geräte mit Tellerscheiben eingesetzt werden. Die hierbei entstehende Oberfläche ist kellenglatt, ähnlich wie bei einem geglätteten Estrich.

Der Zeitpunkt des Glättens ist abhängig vom Ansteifen des Betons. Es sind mehrere Glättvorgänge nötig.

Die besten Oberflächen entstehen bei wiederholtem Glätten nach Erstarrungsbeginn (Tafel 8.1).

Gut geglättete Oberflächen können abhängig von den Betriebsbedingungen oder der Reinigung zur Rutschgefahr führen [29]. Eine Bewertung der Rutschgefahr ist dann erforderlich (s. Abschn. 3.6).

8.4 Schleifen

Eine bisher noch zu wenig genutzte Möglichkeit der Oberflächenbearbeitung ist das maschinelle Schleifen zu einem frühen Zeitpunkt mit einem langsam laufenden Gerät. Diese Oberflächenbearbeitung soll nicht dazu dienen, unebene Betonböden zu verbessern. Das würde auch nur dann gelingen, wenn Grate oder ähnliche Erhöhungen abzuschleifen wären. Großflächige Unebenheiten sind auch hiermit nur schwer zu beseitigen.

Diese Art der Oberflächenbearbeitung soll vielmehr bezwecken, die obere Zementsteinschicht von etwa 1 mm Dicke zu entfernen und das abriebfestere Zuschlagkorn freizulegen. Die Verschleißfestigkeit der Betonoberfläche wird dadurch verbessert.

Das Schleifen muß mit niedrigtourigen Schleifgeräten erfolgen. Der Zeitpunkt des Schleifens ist so früh wie möglich zu wählen. Es dürfen jedoch keine Zuschlagkörner herausgerissen werden. Am günstigsten dürfte ein Zeitraum von zwei bis drei Tagen nach der Herstellung sein. Leistungen von 40 m^2/h oder mehr sind mit einem Gerät möglich.

8.5 Profilgerechte Lage

Wie schon im Abschnitt 7.3 dargestellt, ist die Oberfläche höhengerecht und horizontal oder im vorgeschriebenen Längs- und Quergefälle herzustellen. Abweichungen von der Sollhöhe dürfen an keiner Stelle mehr als 20 mm betragen.

8.6 Ebenheit

Die Ebenheitstoleranz der fertigen Oberfläche darf bei einem Abstand der Meßpunkte von 1 m höchstens 4 mm, bei 4 m Abstand höchstens 10 mm betragen. Sprünge und Absätze sind zu vermeiden. Hierunter ist aber nicht die durch Flächengestaltung bedingte Struktur zu verstehen (Tafel 8.2) [9]

Bei höheren Anforderungen an die Ebenheit sind besondere Vereinbarungen erforderlich, z.B. bei Hochregallagern. Hier bedarf es einer sehr genauen Oberflächenausbildung. Die von den Ausstattern der Hochregallager genannten Anforderungen sind ohne besonderen technischen Aufwand nicht erfüllbar. In den Fahrgassen zwischen Hochregalen kann z.B. die Oberfläche hergestellt werden durch Abziehen des Betons auf Regalsockeln und durch lasergesteuertes Schleifen der Oberfläche mit anschließender Beschichtung aus selbstnivellierendem Material.

8.7 Gefälle

Betonböden im Industriebau werden in der Regel ohne Gefälle hergestellt (s. Abschn. 3.6.2). In besonderen Fällen kann ein Gefälle erforderlich sein, z.B. bei Ableitflächen für wassergefährdende Flüssigkeiten. In diesen besonderen Fällen soll das Gefälle zur einwandfreien Entwässerung mindestens 2,0 % betragen [35]. Das Gefälle soll nicht durch einen Ausgleichs- oder Gefälleestrich geschaffen werden, sondern durch entsprechende Oberflächenausbildung des Betonbodens.

Sternförmige Gefälleausbildungen sollten nicht ausgeführt werden, da die Oberflächen nicht mit Rüttelbohlen abgezogen werden können. Windschiefe Oberflächen mit Verwindungen im Gefälle sind durch entsprechend unterschiedliche Höhenlage der Abziehlehren herstellbar.

Fugen sollten nicht im Tiefbereich des Gefälles liegen, da dauernde Feuchtigkeit die Fugen beansprucht. Das Gefälle sollte daher stets von Fugen weggeführt werden.

Tafel 8.2: Ebenheitstoleranzen [nach DIN 18 202]; Zulässige Stichmaße als Abmaße für Flächen

Zeile	Bauteile/Funktion	Zulässige Stichmaße in mm bei Meßpunktabständen in m bis				
		0,1	1[1)]	4[1)]	10[1)]	15[1)]
1	Nichflächenfertige Oberseiten von Decken, Unterbeton und Unterböden	10	15	20	25	30
2	Nichflächenfertige Oberseiten von Decken, Unterbeton und Unterböden mit erhöhten Anforderungen, z.B. zur Aufnahme von schwimmenden Estrichen, Industrieböden, Fliesen- und Plattenbelägen, Verbundestrichen Fertige Oberflächen für untergeordnete Zwecke, z.B. in Lagerräumen, Kellern	5	8	12	15	20
3	Flächenfertige Böden, z.B. Estriche als Nutzestriche, Estriche zur Aufnahme von Bodenbelägen Bodenbeläge, Fliesenbeläge, gespachtelte und geklebte Beläge	2	4	10	12	15
4	Flächenfertige Böden mit erhöhter Anforderung, z.B. mit selbstverlaufenden Spachtelmassen	1	3	9	12	15

1) Zwischenwerte sind auf mm zu runden.

8.8 Hartstoffschicht

Für Hartstoffschichten gilt DIN 18 560 Teil 7. Sie werden entweder auf den frischen Tragbeton „frisch in frisch" eingebaut oder nachträglich auf den erhärteten Tragbeton mit Haftbrücke aufgebracht. Diese Hartstoffschichten werden stets im Mörtelverfahren hergestellt. Nutzschichten mit Hartstoffen, die im Einstreuverfahren hergestellt werden, sind in DIN 18 560 nicht vorgesehen.

8.8.1

Einstreuverfahren auf frischem Tragbeton

Durch Einarbeiten von Hartstoffen kann die Oberflächenfestigkeit eines Betons aus Normalzuschlag verbessert werden. Somit kann das Einstreuverfahren für Beanspruchungen des Bereichs 3 (Tafeln 2.5 und 3.5) ausreichend sein.

Der Tragbeton soll aus Beton der Festigkeitsklasse B 35 nach DIN 1045 bestehen. Der Betoneinbau muß so erfolgen, daß die Oberfläche vor dem Einstreuen und Einarbeiten des Hartstoffes die erforderliche Ebenheit aufweist (Tafel 8.2). Auf die eben abgezogene Betonoberfläche wird die festgelegte Menge an Hartstoffen so früh wie möglich aufgetragen und eingearbeitet, und zwar sobald der Beton begehbar ist.

Hartstoff oder Hartstoff-Zement-Gemisch sind in einer Mindestmenge von ≥ 5 kg/m^2 aufzubringen. Aber auch bei dieser Menge ergibt sich nur eine „Schichtdicke“ von etwas mehr als 2 mm. Damit ist die Schichtdicke kleiner als das Größtkorn des Hartstoffs. Nur bei sehr sorgfältiger Arbeitsweise entsteht eine ganzflächige und voll deckende Hartstoffschicht. Das Hartstoff-Zement-Gemisch neigt zum Entmischen. Dadurch kann eine ungleichmäßige und lückenhafte Verteilung entstehen.

Das Einarbeiten erfolgt beim ersten Scheibvorgang, dem dann weitere Scheib- oder Glättvorgänge folgen können. Bei Vakuumbeton kann das Einstreuen und Einarbeiten sofort nach Beendigung der Vakuumbehandlung geschehen. Bei Beton mit Fließmittel ist das Ansteifen abzuwarten. Das Ansteifen setzt dann ein, wenn das Fließmittel die verflüssigende Wirkung verliert. Das Fließmittel darf nicht zu Entmischungen und zur Anreicherung von Schlämme an der Oberfläche führen. Die Betonoberfläche darf nicht zu weich und wasserreich, aber auch nicht zu steif und wasserarm sein.

Der Verschleißwiderstand eines normalen Betons kann mit dem Einstreuverfahren verbessert werden. Bei der Güteprüfung ist der Nennwert des Schleifverschleißes auf 7 cm^3/50 cm^2 zu senken (Tafel 8.1). Bei der Bestätigungsprüfung werden jedoch die für Hartstoffschichten festgelegten Werte des Schleifverschleißes nach DIN 18 560 Teil 7 kaum erreicht.

8.8.2

Hartstoffschicht auf frischem Tragbeton im Verbund

Hartstoffschichten frisch in frisch auf den Tragbeton aufgebracht, stellen den Normalfall für hochbeanspruchte Hallenböden dar. Die Hartstoffschicht wird auf den noch frischen oder schon erstarrenden Tragbeton aufgebracht. Die Herstellart „frisch in frisch“ gewährleistet den besten Verbund mit dem Tragbeton. Hierzu eignen sich Betone mit Fließmittel (Abschnitt 7.3.2) und Betone mit Vakuumbehandlung (Abschnitt 7.3.4).

Der Tragbeton muß mindestens der Betonfestigkeitsklasse B 25 entsprechen (Tafel 3.4 und 3.5). Die Oberfläche des Tragbetons muß um die Dicke der Hartstoffschicht tiefer liegen. Damit die erforderliche Mindestdicke der Hartstoffschicht eingehalten werden kann, muß schon der Tragbeton die vereinbarte Ebenheit aufweisen, z.B. entsprechend Tafel 8.2 Zeile 3.

Haftbrücken zur Verbindung der Hartstoffschicht mit dem Tragbeton sind bei der Herstellart „frisch in frisch" nicht erforderlich.

Hartstoffschichten sind je nach Beanspruchung z.B. bei Hartstoffen der Gruppe A mindestens 8 mm bis 15 mm dick herzustellen. Die Dicke ist nach Tafel 8.3 zu wählen und in der Leistungsbeschreibung anzugeben.

Die Hartstoffschicht wird in aufziehfähiger plastischer Konsistenz über Lehren mit Abziehschiene (Richtscheit) oder Rüttelbohle aufgezogen. Die Lehren (Rundstähle oder Rohre) liegen auf dem Tragbeton, sie bestimmen die Dicke der Hartstoffschicht und die genaue Höhenlage der späteren Oberfläche. Die Verdichtung erfolgt im wesentlichen durch das anschließende Abreiben (Abscheiben) mit Tellerglättmaschinen und je nach erforderlicher Oberflächenstruktur durch Glätten mit Flügelglättmaschinen. Das Abreiben (Abscheiben) und Glätten beginnt nach dem Ansteifen. Die Anzahl der Scheib- und Glättvorgänge bestimmen Dichtigkeit und Struktur der Oberfläche. Zu weiche Konsistenz fördert das Entstehen von Rissen (Krakeleebildung), zu frühes Glätten führt zur Blasenbildung. In diesen Fällen sind die Arbeiten zu unterbrechen, der geeignete Zeitpunkt ist abzuwarten.

Fugen in der Hartstoffschicht sind dort anzuordnen, wo sie für den Tragbeton erforderlich sind. Im allgemeinen werden Scheinfugen mit Fugenschneidmaschinen eingeschnitten (Abschnitt 3.5.3). Die Fugen sind so früh wie möglich zu schneiden, sobald es das Erhärten des Betons gestattet: spätestens am nächsten Tag.

Bei besonders hohen Beanspruchungen sind für den Schutz der Fugenkanten spezielle Fugenprofile oder Winkelprofile aus Metall zu planen,

Tafel 8.3: Nenndicke für Hartstoffschichten in Abhängigkeit von der Beanspruchungsgruppe nach DIN 18 560 [12]

Beanspruchungsgruppe	Nenndicke in mm bei Festigkeitsklasse		
	ZE 65 A	ZE 65 M	ZE 65 KS
I (schwer)	≥ 15	≥ 8	≥ 6
II (mittel)	≥ 10	≥ 8	≥ 5
III (leicht)	≥ 8	≥ 6	≥ 4

auszuschreiben und einzubauen. Diese Profile sind stets im Tragbeton zu verankern (Bild 3.10).

8.8.3 Hartstoffschicht auf erhärtetem Tragbeton im Verbund

In jenen Fällen, die das Arbeiten „frisch in frisch“ wegen des Bauablaufs nicht zulassen, kann der nachträgliche Einbau einer Hartstoffschicht auf dem erhärteten Tragbeton erfolgen. Sofern kein Ausgleich wegen zu großer Unebenheiten sowie kein Gefälle erforderlich ist und die Dicke für die Hartstoffschicht nicht zu groß wird, kann eine Hartstoffschicht aufgebracht werden. Erforderliche Dicke der Hartstoffschicht nach Tafel 8.3.

Bei der in Abschnitt 8.8.2 geschilderten Herstellweise ergibt sich der Verbund durch das Arbeiten „frisch in frisch“. Im Gegensatz dazu ist bei erhärtetem Tragbeton für einen einwandfreien Verbund der Hartstoffschicht zu sorgen. Dazu muß der Tragbeton bestimmte Voraussetzungen erfüllen, wenn es nicht infolge unzureichenden Verbunds zu späteren Mängeln kommen soll. Unzureichender Verbund ist die häufigste Ursache für Hohlstellen und Risse in der Hartstoffschicht.

Die Hartstoffschicht wird hierbei häufig von einem anderen Unternehmen eingebaut als der Tragbeton. Wenn der eingebaute Tragbeton die Voraussetzungen zur Aufnahme einer Hartstoffschicht nicht erfüllt, muß der Hartstoffunternehmer vor Beginn der Arbeiten dem Auftraggeber seine Bedenken schriftlich mitteilen (VOB Teil B § 4 Abschn. 1). Der Auftraggeber sollte für diese Bedenken dankbar sein und Wert auf gründliche Vorbereitung des Tragbetons legen. Hierdurch können spätere Mängel vermieden werden, die sonst die Nutzung des Betonbodens und den Betriebsablauf beeinträchtigen würden.

Anforderungen an den Tragbeton

- Tragbeton mindestens Festigkeitsklasse B 25 nach DIN 1045 (Tafel 2.5 und 3.5),
- Tragbeton mit fester Oberfläche (keine Zementschlämme durch Entmischen, keine verdurstete Oberfläche durch zu schnelles Austrocknen, Ritzprobe mit Stahldorn durchführen),
- Oberfläche frei von losen und mürben Bestandteilen, Verschmutzungen durch Mörtelreste, Öl, Farbreste u.ä.,
- Tragbeton rissefrei, sonst ist das Schließen der Risse erforderlich,
- Oberfläche rauh und griffig,
- Betonzusatzmittel im Tragbeton und Reste von Nachbehandlungsmitteln auf dem Tragbeton dürfen die Oberflächenzugfestigkeit nicht beeinträchtigen,
- erforderliche Oberflächenzugfestigkeit des Tragbetons mindestens 1,5 N/mm²,
- Ebenheit des Tragbetons nach Tafel 8.2 Zeile 3 oder 4 mit erforderlichem Gefälle,

- ❑ Fugen im Tragbeton dürfen von der Geraden nicht mehr als ± 3 mm abweichen.

Wichtig: Den Tragbeton zur Aufnahme der Hartstoffschicht prüfen und erforderlichenfalls entsprechend vorbereiten. Außerdem solche Bedingungen schaffen, die den fachgerechten Einbau und das einwandfreie Erhärten der Hartstoffschicht ermöglichen.

Sofern die hierzu erforderlichen Leistungen nicht zur Ausführung des Tragbetons, sondern zur Hartstoffschicht gehören, sind sie in der Leistungsbeschreibung für diesen Unternehmer als besondere Leistungen zu erfassen. Damit werden Unklarheiten über die Zuständigkeit und Nachforderungen vermieden.

Fugenverlauf im Tragbeton prüfen. Nicht gerade verlaufende Fugen können in der Hartstoffschicht nicht aufgenommen werden. Gegebenenfalls sind von diesem Unternehmer Bedenken anzumelden!

Erforderliche Maßnahmen für guten Haftverbund

- ❑ Prüfen der Oberflächenzugfestigkeit des Tragbetons,
- ❑ Entfernen von Verschmutzungen durch Naßreinigen mit Hochdruck-Wasserstrahl und sofortiges Schmutzabsaugen,
- ❑ Entfernen von Öl, Fett und Chemikalien durch Reinigungsmaschinen mit entsprechenden Reinigungsmitteln,
- ❑ Vorbereiten des Tragbetons durch Kugelstrahlen,
- ❑ Schließen von Rissen im Tragbeton,
- ❑ Aufbringen einer Haftbrücke,
- ❑ Ausgleich von Unebenheiten des Tragbetons, wenn sie die Toleranzen nach DIN 18202 überschreiten (Tafel 8.2),
- ❑ Während der Herstellung und Erhärtung des Hartstoffschicht Maßnahmen vorbereiten zum Schutz:
  gegen Zugluft innerhalb des Gebäudes,
  gegen Niederschläge bei Hartstoffarbeiten im Freien, z.B. Zelte, Abdeckungen,
  gegen niedrigere Temperaturen der Luft und des Tragbetons als + 5 °C (siehe Tafel 10.1).

Vorbereitung des Tragbetons

Trockenen älteren Beton vor dem Aufbringen der Hartstoffschicht möglichst mehrere Tage feuchthalten. Beim Aufbringen der Haftbrücke soll die Oberfläche wieder etwas abgetrocknet, also mattfeucht sein. Auf wassergesättigtem Beton ist eine Verankerung nicht möglich. Trockener, stark saugender Beton entzieht der Hartstoffschicht das Wasser. Geeignet ist der letztmals am Vortag genäßte Beton.

Haftbrücke nach Angaben des Hartstoffherstellers herstellen. Dabei ist die genaue Zugabe aller Bestandteile der Haftschlämme einzuhalten und die Haftschlämme nicht zu überwässern. Die erforderliche Mischzeit nicht unterschreiten. Danach die Haftschlämme auf den vorbereiteten Tragbeton nur soweit auftragen, wie die Hartstoffmischung frisch aufgebracht werden kann. Die Haftschlämme mit hartem Besen gleichmäßig auf den Tragbeton einbürsten.

Hartstoffschicht: Für Zusammensetzung, Dicke und Aufbringen der Hartstoffschicht gilt auch hier Abschnitt 8.8.2. Die Hartstoffschicht ist in die noch frische Haftbrücke aufzubringen und (wie in Abschnitt 8.8.2 beschrieben) abzuziehen, abzureiben und erforderlichenfalls zu glätten.

Fugen in der Hartstoffschicht sind nur dort erforderlich, wo sie im Tragbeton vorhanden sind. Fugen im Tragbeton innerhalb der Fläche sind durch Fugenschnitt in der Hartstoffschicht nach oben aufzunehmen, und zwar an gleicher Stelle in gleicher Breite. Randfugen und Fugen in Angrenzung an andere Bauteile sind durch Randstreifen herzustellen.

Bei besonders hohen Beanspruchungen sind für den Schutz der Fugenkanten spezielle Fugenprofile oder Winkelprofile aus Metall zu planen, auszuschreiben und einzubauen. Diese Profile sind stets im Tragbeton zu verankern (Bild 3.10).

9 Herstellen der Fugen

Der Beton muß auch im Bereich der Fugen die gleiche Beschaffenheit besitzen und dieselbe Festigkeit erreichen wie im übrigen Plattenbereich. Die geforderte Ebenheit der Oberfläche muß auch im Fugenbereich voll erreicht werden.

Fugenkonstruktionen und Fugenabstände sind in Abschnitt 3.5 beschrieben. Insbesondere sind die Fugenabstände von den Herstellbedingungen (offene Halle, geschlossene Halle, im Freien) und von der Ausführungsart abhängig. Angaben hierzu enthält Tafel 3.8.

9.1 Scheinfugen

Für das Herstellen der Einkerbung sind zwei Verfahren möglich. Die Scheinfuge kann in den Frischbeton eingedrückt oder in den erhärtenden Beton nachträglich eingeschnitten werden.

9.1.1 Geschnittene Scheinfugen

Die übliche Herstellung von Scheinfugen erfolgt durch nachträgliches Schneiden des erhärtenden Betons (Bild 9.1). Die Abdeckung des Betons (Abschn. 10.2) darf erst kurz vor dem Schneiden beiseite genommen werden. Sie ist erforderlichenfalls nach dem Schneiden sofort wieder aufzubringen.

Bild 9. 1: Nachträgliches Schneiden einer Scheinfuge mit einem Schneidgerät

Das Einschneiden des Betons in 3 mm Breite und 60 mm Tiefe erfolgt mit einem Schneidgerät (Trennscheibe). Wichtig ist der richtige Zeitpunkt des Schneidens. Es werden wilde Risse vermieden, wenn das Schneiden frühzeitig erfolgt. Das kann bei günstigen Erhärtungsbedingungen (z.B. höhere Beton- und Lufttemperatur) schon am gleichen Tage, im allgemeinen aber am Tag nach dem Betonieren der Fall sein. Die so hergestellte Kerbe kann offen bleiben.

Untere Fugeneinlagen sind nicht zweckmäßig.

Wenn die Scheinfugen nicht am Betoniertag geschnitten werden konnten, soll das Schneiden am nächsten Tag erst dann erfolgen, wenn die Zugspannungen durch Erwärmung im Beton wieder abgebaut wurden. Hierdurch werden Risse vermieden. Häufig entstehen Risse dadurch, daß das Schneiden der Fugen erst nach einigen Tagen erfolgt. Das ist zu spät.

Die beim Fugenschneiden entstehende Schlämme muß kurz nach dem Schneiden entfernt werden, damit sich der Zementschlamm nicht wieder verfestigt und die Betonoberfläche beeinträchtigt.

Bei höheren Anforderungen an die Ebenheit sind Scheinfugen stets durch Schneiden herzustellen und nicht durch Eindrücken einer Fugeneinlage.

9.1.2 Scheinfugen mit Fugenprofil

Verschiedene Hersteller haben Fugenprofile aus Beton, Faserzement oder Kunststoff entwickelt. Sie werden vor dem Betonieren verlegt, so daß der Beton auf diesen Profilen abgezogen werden kann. Damit wird die höhengerechte Lage des Betonbodens sichergestellt. Die Fugenprofile werden einbetoniert und bilden eine Querschnittsschwächung, so daß der Beton an diesen Profilen gezielt reißen kann. Bei sehr weichen Betonen kann sich das spätere Setzen des Betons nachteilig auswirken, auch ist ein beidseitiges Ablösen des Betons möglich, so daß eigentlich zwei Scheinfugen im oberen Bereich rechts und links des Profils vorhanden sind.

9.1.3 Eingedrückte Scheinfugen

Bei streifenweise betonierten Flächen mit einfachen Anforderungen an die Ebenheit und mit geringerer Verschleißbeanspruchung sowie bei weichem Beton mit Fließmittel und besonders bei einem Größtkorn ≤16 mm kann das Eindrücken einer Fugeneinlage in den frischen Beton ausreichend sein. Hierfür kann ein Hartfaserstreifen von etwa 60 mm Höhe und 3 mm Dicke verwendet werden. Das Eindrücken erfolgt zwischen zwei Winkelprofilen mit einem besonderen Schwert.

Beim „soft-cut-Verfahren" erhält die fertiggestellte Oberfläche des erstarrenden Betons durch ein Spezialgerät einen etwa 20 mm tiefen Schnitt. Da dieser Schnitt sehr früh und noch vor dem Abfließen der Hydratationswärme hergestellt wird, reicht die geringe Tiefe für eine vollwirksame Scheinfuge aus.

9.2 Preßfugen

Preßfugen entstehen durch das Betonieren an benachbarte Plattenfelder. Damit eine Querkraftübertragung in der Preßfuge möglich ist, können sie mit Verzahnung (Nut und Feder) hergestellt werden (siehe hierzu Bild 3.6). Dies ist die wirtschaftlichste Art einer Verdübelung. Hierzu wird eine Trapezleiste an die Seitenschalung der erstbetonierten Streifen angesetzt, die nach dem Ausschalen eine nutartige Vertiefung zur Verzahnung hinterläßt. Die obere und untere Neigung der Trapezleiste darf nicht zu groß sein.

Bei Fugenabständen über 8 m oder bei Einzellasten über 10 kN sind größere Bewegungen in den Fugen zu erwarten. Zur besseren Lastübertragung sind in diesen Fällen Rundstahldübel einzubauen (Bild 3.7).

Der obere Bereich der Preßfuge soll glatt und scharfkantig ausgebildet sein. Bei rauher Seitenschalung wird empfohlen, einen Streifen aus kunststoffbeschichtetem Sperrholz an die Seitenschalung im oberen Drittel anzusetzen (Bild 3.6a). Die spätere Preßfuge muß nicht nachgeschnitten werden. Bei einem eventuell erforderlichen Nachschneiden mit einem Schneidgerät entsteht dann nur eine schmale Fuge von 3 mm Breite, die nicht vergossen werden muß. Wenn ein Fugenverguß erwünscht ist, kann wie bei Scheinfugen verfahren werden (Bild 3.5).

9.3 Raumfugen

Raumfugen sollen die Betonplatte in ganzer Dicke trennen und eine Ausdehnung des Betons ermöglichen. Raumfugen werden nicht zur

Aufteilung der Fläche, sondern nur zur Trennung von anderen Bauteilen hergestellt (s. Tafel 3.7 und Abschn. 3.5.5). Raumfugen erhalten eine Fugeneinlage in ganzer Höhe, die vor dem Betonieren verlegt wird. Die Fugeneinlage muß auf der Unterlage überall satt aufstehen. Es werden hierzu zweckmäßigerweise Weichfaserplatten mit 20 mm Dicke verwendet. Die Fugeneinlagen müssen mit der Seitenschalung bündig abschließen und gegen Kippen und Verschieben gesichert sein.

Wenn in Raumfugen Querkräfte übertragen werden sollen, sind hierfür Dübel einzubauen (siehe Bild 3.9 und 3.11).

9.4 Fugendichtung

Scheinfugen und Preßfugen brauchen nicht verfüllt zu werden. Sollte dennoch aus betrieblichen Gründen ein Schließen dieser Fugen erforderlich sein, sind die Fugen durch einen Nachschnitt von 8 mm Breite und 25 mm Tiefe zu vergrößern.

Raumfugen sind zur Aufnahme der Fugenfüllstoffe mit einem Nachschnitt von 50 mm Tiefe und mindestens 22 mm Breite zu versehen.

In den unteren Bereich des Fugenspaltes ist als Dichtungsband ein bituminöser Strick oder ein Moosgummiprofil einzulegen, so daß sich für die Fugenvergußmasse ein günstiger Querschnitt ergibt (siehe Bild 3.5 und 3.8). Ein passender Querschnitt ist erforderlich, damit die innere Rückstellkraft der Fugenvergußmasse nicht größer wird als die Haftfähigkeit an der Fugenflanke.

Die Fugendichtung darf nur bei trockener Witterung eingebaut werden. Die Fugenflanken müssen trocken sein. Die Reinigung soll durch Ausblasen der Fugen mit Preßluft oder durch eine andere geeignete Maßnahme erfolgen. Für den Einbau der Fugenvergußmasse sind die besonderen Anweisungen der Herstellerfirma zu beachten. Bituminöse Fugenvergußmassen [27] sind nach dem „Merkblatt für die Fugenfüllung in Verkehrsflächen aus Beton“ [28] einzubringen (s. Abschn. 3.5.8).

Bei Scheinfugen kann die 3 mm breite Kerbe ohne Nachschnitt mit speziellen Kunststoff-Vergußmassen vergossen werden. Hierfür ist ein Nachweis des Herstellers über die Eignung der Vergußmasse erforderlich. Das gilt auch für Preßfugen, wenn der obere Bereich den gleichen Kerbschnitt erhielt.

10 Schutz des erhärtenden Betons

Für ein rißfreies Herstellen des Betonbodens (besonders bei großen Plattenlängen), für den erforderlichen Verschleißwiderstand und für eine einwandfreie Nutzung ist eine wirksame Nachbehandlung erforderlich.

Eine möglichst früh beginnende, genügend wirksame und ausreichend lange Nachbehandlung des eingebauten Betons ist eine wesentliche Voraussetzung zum Erreichen einer einwandfreien Oberflächenqualität. Nachstehende Mängel werden meistens durch Nachbehandlungsfehler verursacht, zumindest aber mitverursacht:

- ❑ mehlende und staubende Oberflächen,
- ❑ Netzrißbildung (Krakelee),
- ❑ aufwölbende Betonflächen (Schüsseln des Betons).

Die Nachbehandlung muß einen Schutz der Betonoberfläche gegen zu schnelles Abkühlen und Austrocknen während des Erhärtens bewirken. Hierzu ist die" Richtlinie zur Nachbehandlung von Beton" [34] zu beachten.

Die üblichen Nachbehandlungsverfahren sind:

- ❑ Aufsprühen flüssiger Nachbehandlungsmittel,
- ❑ Abdecken mit Folien,
- ❑ Aufbringen wasserhaltender Abdeckungen,
- ❑ andauerndes Besprühen mit Wasser

oder eine Kombination dieser Verfahren.

Einzelne Verfahren können mit wärmedämmenden Maßnahmen zum Schutz gegen Abkühlen kombiniert werden, z.B. das Abdecken mit Folien und Matten.

Die Nachbehandlungsdauer ist abhängig von der Temperatur, bei der der Beton erhärtet. Anhaltswerte enthält Tafel 10.1

Während des Betoneinbaues und der anfänglichen Erhärtung darf keine Zugluft wirken. Fenster, Türen, Tore sowie andere Öffnungen müssen geschlossen bleiben. Innerhalb der ersten zehn Tage nach dem Betoneinbau darf die Temperatur + 5 °C nicht unterschreiten. Auf gefrorene Tragschichten darf nicht betoniert werden.

10.1 Nachbehandlungsmittel

Zum Schutz des Betons während der ersten kritischen Stunden können beim Mattwerden der fertiggestellten Betonoberfläche filmbildende

mittlere Lufttemperatur	Schutz gegen Austrocknen	Schutz gegen Zugluft, Kälte, Hitze
mind. + 5 °C	6 Tage	10 Tage
mind. + 15 °C	3 Tage	8 Tage

Tafel 10.1: Mindestdauer für die Nachbehandlung von Betonoberflächen (Empfehlung)

Nachbehandlungsmittel aufgesprüht werden. Hierfür stehen im wesentlichen drei Arten von Nachbehandlungsmitteln zur Verfügung. Die vom Hersteller angegebenen Verbrauchsmengen sind unbedingt einzuhalten. Erfahrungsgemäß werden zu geringe Mengen verwendet, so daß die erforderliche Schutzwirkung nicht entsteht.

Übliche Nachbehandlungsmittel sind weiße flüssige Emulsionen, die die Betonporen nach dem Aufsprühen verstopfen und einen dünnen Film bilden (Bild 10.1). Damit wird die durch Sonneneinstrahlung und Wind entstehende Verdunstung aus dem Beton behindert. Die Erhärtung kann auch an der Oberfläche stattfinden. Diese Nachbehandlungsmittel müssen erst abwittern, bevor nachfolgende Beschichtungen oder Beläge aufgebracht werden können. Das geschieht bei Flächen, die einer freien Bewitterung ausgesetzt sind, innerhalb von sechs Wochen. Für überdachte Flächen sind diese Nachbehandlungsfilme dann geeignet, wenn keine weitere Oberflächenbehandlung vorgenommen werden soll. Die Anweisungen des Herstellers sind zu beachten. Verbrauchsmengen ≈ 150 g/m².

Hautbildende Nachbehandlungsmittel bestehen aus Kunstharzen in rasch flüchtigen Lösungsmitteln, die eine transparente, weitgehend wasserdampfdichte Haut bilden. Damit wird der Beton innerhalb weniger Minuten zusätzlich gegen Schlagregen geschützt. Im jungen Alter läßt sich die Haut wie eine Folie abziehen. Vor einer Folgebeschichtung ist der Nachbehandlungsfilm zu entfernen. Verbrauchsmengen ≈ 300 g/m².

Geeignete Epoxidharz-Kombinationen können im Naß-in-Naß-Verfahren auf den frischen Beton aufgebracht und eingeglättet werden. Es wird hierbei vom „Kunstharzfinish" gesprochen. Sie bilden gleichzeitig die Grundierung für nachfolgende Beschichtungen. Eine spätere Blasenbildung infolge Osmose ist weitgehend ausgeschlossen. Diese zweikomponentigen Kunstharze können auf frische Betonoberflächen gespritzt (airless), gebürstet oder gerollt werden, wenn die Oberfläche frei von sichtbarer Nässe oder Schlämme ist. Damit entsteht ein sofortiger Schutz des Betons gegen Verdunsten des Wassers und gleichzeitig eine dauerhafte Versiegelung. Transparente und farbige Schutzüberzüge sind möglich. Verbrauch ≈ 300 g/m².

10.2 Abdeckung

Betonflächen, die nicht in geschlossenen Hallen liegen, sind sobald wie möglich abzudecken; jedenfalls noch vor der ersten Nacht. Für einen sofortigen Verdunstungsschutz ist ein Abdecken mit dünner Folie geeignet. Zwischen Abdeckung und Beton darf keine Luftbewegung stattfinden. Beton wird durch Wärmeabstrahlung in der ersten Nacht

Bild 10.1: Nachbehandlung des Betons durch Aufsprühen eines Nachbehandlungsfilms (Foto: Melcher)

und durch Verdunstungskälte an der Oberfläche einer erhöhten Rißgefahr ausgesetzt, da er durch die Hydratationswärme des Zementes und ggf. durch höhere Tagestemperaturen aufgeheizt ist. Dies gilt besonders für Flächen mit großen Fugenabständen. Die Oberfläche ist daher durch wärmedämmende Abdeckungen, die gleichzeitig das Verdunsten verhindern (z.B. Dämmatten mit Folie), mindestens drei Tage lang zu schützen (s. Tafel 10.1). Diese Abdeckungen sind erst dann zu entfernen, wenn die Temperaturdifferenzen zwischen Luft- und Betonoberfläche gering sind, also nicht am frühen Morgen, besser gegen Mittag. Abdeckungen, die für das Schneiden der Fugen beseitigt werden müssen (Abschn. 9.1.2), sind möglichst schnell wieder aufzubringen. Temperaturdifferenzen zwischen dem Inneren und der Oberfläche eines Betonbauteils von mehr als 15 Kelvin können im erhärtenden Beton zu Rissen führen [54].

10.3 Naß-Nachbehandlung

Für die in Tafel 10.1 genannte Dauer ist eine Naß-Nachbehandlung durchzuführen, wenn nicht die Abdeckungen bis zu diesem Zeitpunkt liegen bleiben können. Das Naßhalten der Betonoberfläche geschieht am sinnvollsten mit Sprühschläuchen oder Rasensprengern, nicht aber mit einem Wasserschlauch und scharfem Strahl. Ein zwischenzeitliches Abtrocknen der Betonoberfläche muß vermieden werden, da hierdurch die Widerstandsfähigkeit der Oberfläche besonders gegen mechanische Beanspruchung beeinträchtigt wird.

11

Oberflächenbehandlungen

Meistens wird die fertig bearbeitete Betonoberfläche ohne jede weitere Behandlung für die spätere Nutzung geeignet sein. Wenn jedoch eine Oberflächenbehandlung nötig ist (s. Abschnitt 2.4 und 2.6), muß die Betonoberfläche zunächst dafür vorbereitet werden.

11.1

Betonoberfläche

Für eine Oberflächenbehandlung muß die Betonoberfläche folgende Bedingungen erfüllen:

- ❑ frei von losen und mürben Teilen (z.B. auch im Bereich von Rißkanten),
- ❑ frei von sich ablösenden arteigenen Schichten (z.B. Zementhaut),
- ❑ kein Abmehlen oder Absanden,
- ❑ frei von schalenförmig im oberflächennahen Bereich verlaufenden Rissen oder Ablösungen,
- ❑ möglichst frei von Haarrissen (Krakelee), Netzrissen und Trennrissen,
- ❑ frei von artfremden Stoffen (z.B. Nachbehandlungsmittel, Öl, Gummiabrieb, Ausblühungen, ungeeignete Altbeschichtungen),
- ❑ frei von Graten,
- ❑ Rauheit, die an die verwendeten Stoffe angepaßt ist,
- ❑ genügend hohe Oberflächenzugfestigkeit.

Die Oberflächenzugfestigkeit sollte mit einem Haftzugprüfgerät geprüft werden. Entsprechende Anforderungen an die Oberflächenzugfestigkeit sind vom vorgesehenen Oberflächenschutzsystem abhängig; sie sind im Einzelfall zu vereinbaren.

Oberfläche mit Rissen

Zunächst ist zu klären, um welche Art von Rissen es sich handelt. Sie können unterschiedliche Ursachen haben und sind dementsprechend unterschiedlich zu behandeln. Risse müssen keinen Mangel darstellen.

Haarrisse (Krakelee bzw. Craquelé) entstehen bei schnellem Abkühlen und/oder bei schnellem Austrocknen in den ersten Stunden nach dem Einbauen des Betons, vor allem bei Zugluft bzw. Wind. Besonders empfindlich sind sehr mehlkornreiche, klebrige Betone (z.B. über 400 kg Mehlkorn 0/0, 125 mm je m^3 Beton). Es ist die gleiche Erscheinung wie bei einem austrocknenden Lehmboden. Diese Risse sind meistens sehr fein (haarfein), sind recht kurz und reichen nur wenige Millimeter in den Beton hinein. Sie stellen im allgemeinen keinen technischen Mangel dar (Bild 11.1).

Netzrisse verlaufen netzartig wie in einem Maschengeflecht. Das „Netz" kann feiner oder größer sein (z.B. 10 cm oder 50 cm). Die Risse haben häufig eine Breite unter 0,2 mm und reichen nur wenige Zentimenter in den Beton hinein. Die Entstehungsursache liegt ebenfalls bei zu schnellem Austrocknen. Empfindlich sind Betone mit hohem Wassergehalt (z.B. über 180 kg Wasser je m^3 Beton). Diese Risse müssen zunächst keinen wesentlichen Mangel bei normal beanspruchten Betonplatten darstellen. Sie können aber im Laufe der Zeit aufgeweitet werden und tiefer in die Betonplatte hineinreichen (Bild 11.2), was dann zu einem technischen Mangel führt.

Trennrisse verlaufen meist gerichtet durch den Beton, verzweigen sich gelegentlich und sind im allgemeinen recht lang. Die Breite kann je nach Art des Betons und nach Größe der Beanspruchung nur 0,1 mm, aber auch bis 2 mm betragen. Gründe für das Entstehen von Trennrissen können vielfältig sein. Temperaturdifferenzen, Schwinden, Setzen des Unterbaues oder Zwang aus der Hallenkonstruktion oder aus anderen Bauteilen können rißauslösend oder rißverbreiternd wirken (Bild 11.3). Risse dieser Art stellen immer einen technischen Mangel dar.

Risse über 0,2 mm Breite und geringerer Tiefe als 3 cm sollten mit lösemittelfreiem Injektionsharz auf Epoxidharzbasis gefüllt werden, z.B. durch wiederholtes Auftragen des Harzes mit einem Pinsel. Der obere Bereich der Risse kann dadurch kraftschlüssig geschlossen werden.

Risse über 0,2 mm Breite und Risse größerer Tiefe als 3 cm sollten mit lösemittelfreiem Injektionsharz auf Epoxidharzbasis verpreßt werden. Hierdurch erfolgt ein kraftschlüssiges Schließen der Risse. Sofern weiterhin mit Bewegungen in den Rissen zu rechnen ist, sollte ein elastisches Schließen der Risse erfolgen. Das kann durch Verpressen mit Polyurethanharz erreicht werden.

11.2 Oberflächenschutzsysteme

Die Art der Oberflächenbehandlung ist abhängig vom Zustand der Betonoberfläche und von der Nutzung des Betonbodens. In Tafel 11.1 sind die für Betonböden anwendbaren Oberflächenschutzsysteme nach der Richtlinie des DAfStb „Schutz und Instandsetzung von Betonbauteilen" zusammengestellt [34]. Angegeben sind die Richtwerte für systemspezifische Mindestschichtdicken sowie die Hauptbindemittelgruppen und der entsprechende Aufbau.

Für Betonböden haben sich auch andere Oberflächenschutzsysteme bewährt, die nicht in der DAfStb-Richtlinie aufgeführt sind. Im Einzelfall ist zu entscheiden, ob für das jeweilige Schutzsystem die DAfStb-Richtlinie zugrunde gelegt wird oder andere Festlegungen getroffen werden.

Ein Oberflächenschutz von Betonböden in Produktions- und Lagerräumen kann beim Umgang mit aggressiven und/oder wassergefährdenden Stoffen erforderlich werden [35]. Unter „Umgang" ist das Lagern, Abfüllen, Umschlagen, Herstellen, Behandeln oder Verwenden dieser Stoffe

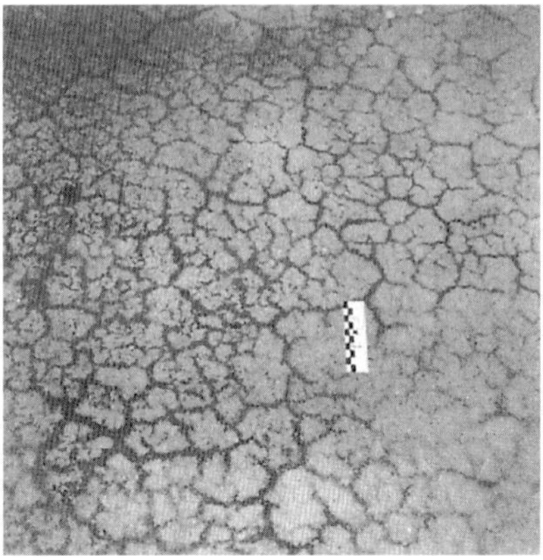

Bild 11.1: Haarrisse in einer Betonplatte; sie sind häufig nur in einem bestimmten Feuchtezustand des Betons während des Austrocknens erkennbar.

Bild 11.2: Netzrisse in einer Betonplatte

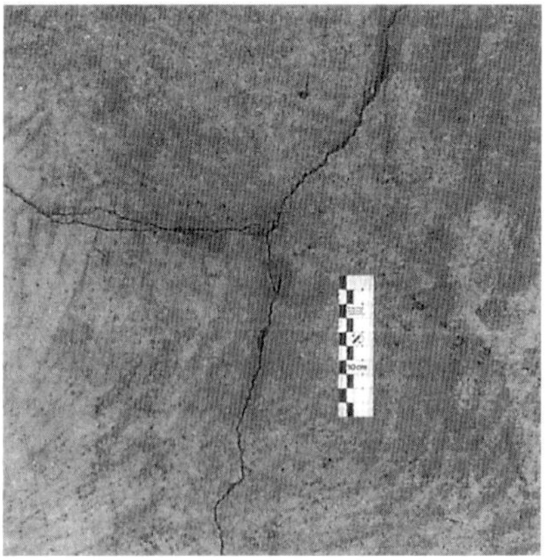

Bild 11.3: Trennrisse in einer Betonplatte

zu verstehen. Für diesen Oberflächenschutz ist DIN 28 052 anzuwenden [12].

11.3 Hydrophobierende Imprägnierungen

Bei frost- und tausalzbeanspruchten Flächen, die erst im Spätherbst fertiggestellt werden und bis zur ersten Frost- und Tausalzeinwirkung nicht ausreichend erhärten und austrocknen konnten, ist eine hydrophobierende Imprägnierung der Betonoberfläche erforderlich. Die Imprägnierung bewirkt eine zeitlich begrenzte Verbesserung des Frost- und Tausalzwiderstandes durch Verringerung der kapillaren Wasseraufnahme. Die hydrophobierende Imprägnierung entsteht bei mindestens zweimaligem Auftrag durch Fluten oder vergleichbare Verfahren. Verwendet werden Silan oder Siloxan. Es wird eine vollständige Benetzung der Kapillarporenwandungen angestrebt. An der Oberfläche entsteht keine Schicht.

11.4 Versiegelungen

Versiegelungen von Betonböden sollten – wenn erforderlich – nach der Richtlinie „Schutz und Instandsetzung von Betonbauteilen" des DAfStb [34] hergestellt werden. Für befahrene Flächen kommt das Oberflächenschutzsystem OS 3 der Richtlinie zur Anwendung.

Die Versiegelung der Betonoberfläche bewirkt außer einer Staubbindung auch eine Verfestigung des Betonuntergrundes, eine Verminderung des Abriebs ≤ 25 % mit einer Verbesserung des Verschleißwiderstandes auf ≤ 9 cm^3 je 50 cm^2 sowie eine geringere Wasseraufnahme des Betons. Allerdings entsteht eine farblich ungleichmäßige Oberfläche.

Die Versiegelung entsteht, je nach Saugfähigkeit des Betons, durch ein- oder mehrmaligen Auftrag eines nicht pigmentierten Reaktionsharzes. Mindestschichtdicke 50 µm, Oberflächenzugfestigkeit des Betons mindestens 1 N/mm^2. Betonoberfläche möglichst trocken, Temperatur mindestens 8 °C.

11.5 Beschichtungen

Beschichtungen von Betonböden sollten – wenn erforderlich – nach der Richtlinie „Schutz und Instandsetzung von Betonbauteilen" des DAfStb [34] hergestellt werden.

Besondere Beschichtungen können beim Umgang mit aggressiven und/oder wassergefährdenden Stoffen erforderlich sein [35]. Für diesen Oberflächenschutz ist DIN 28 052 anzuwenden [12].

Vorbehandlung der Oberfläche durch Kugelstrahlen ist dringend zu empfehlen. Durch Kugelstrahlen wird schlämmereicher Beton entfernt,

Tafel 11.1: Oberflächenschutzsysteme (nach DAfStb-Richtlinie [34])

OS 1	**Hydrophobierende Imprägnierung** Bindemittelgruppe: Silan, Siloxan Aufbau: Mindestens zweimaliger Auftrag durch Fluten oder vergleichbare Verfahren
OS 3	**Versiegelung für befahrbare Flächen** Mittlere Trockenschichtdicke: 50 µm Bindemittelgruppe: Epoxidharz (EP), Acrylat (Ay), Polyurethan (PUR) Aufbau: Ein- bis mehrmaliger Auftrag eines nicht pigmentierten Reaktionsharzes je nach Saugfähigkeit des Untergrundes
OS 6	**Chemisch widerstandsfähige Beschichtung für Flächen mit geringer mechanischer Belastung** Mittlere Trockenschichtdicke: min. 300 µm Bindemittelgruppe: Epoxidharz (EP) oder Polyurethan (PUR) Aufbau: – Nicht pigmentierte Grundierung auf Reaktionsharzbasis (lösemittelhaltig oder lösemittelfrei) – Bei Bedarf Spachtelung mit Reaktionsharz-Feinspachtel – Eine oder mehrere Deckschichten aus Reaktionsharz (lösemittelhaltig, -frei oder wasseremulgiert)
OS 8	**Chemisch widerstandsfähige Beschichtung für befahrbare, mechanisch stark belastete Flächen** Mittlere Trockenschichtdicke: 1-3 mm Bindemittelgruppe: Epoxidharz (EP) Aufbau: Dünnflüssige, lösemittelfreie, nicht pigmentierte Grundbeschichtung (Grundierung), evtl. mit feuergetrocknetem Quarzsand abgestreut *und* einer oder mehrerer Deckschichten, die pigmentiert sein können; rutschhemmend durch Einstreuen von mineralischen Hartstoffen
OS 11	**Beschichtung mit erhöhter Rißüberbrückungsfähigkeit für befahrbare Flächen** Mindesttrockenschichtdicke: 5 mm Bindemittelgruppe: Epoxidharz-Polyurethan Aufbau: – Dünnflüssige, lösemittelfreie Grundierung auf Reaktionsharzbasis, abgestreut mit feuergetrocknetem Quarzsand – Bei Bedarf Spachtelung – Elastische Beschichtung als rißüberbrückende Zwischenschicht (2 mm) – Elastischer, gefüllter Verlaufmörtel als Verschleißschicht (3 ... 10 mm), rutschhemmend abgestreut

der den Verbund der Beschichtung beeinträchtigen könnte. Das gilt auch für Nachbehandlungsmittel und für Betonzusatzmittel, die sich an der Betonoberfläche angereichert haben können.

Beton mit Stahlfasern kann wie unbewehrter Beton beschichtet werden, wenn die Oberfläche zuvor durch Kugelstrahlen bearbeitet wurde.

Beton mit Kunststoffasern läßt sich ebenfalls beschichten. Beim Kugelstrahlen der Oberfläche werden Fasern teilweise freigelegt. Sie haben das Bestreben, sich in einer dünnflüssigen Grundierung aufzurichten. Damit sie nicht die nachfolgende Beschichtung durchstoßen, sind sie nach dem Aushärten der Grundierung mit einer Gasflamme abzubrennen. Danach ist die Oberfläche leicht anzuschleifen. Erforderlichenfalls ist ein zweites Mal zu grundieren.

Bei Ableitflächen beim Umgang mit wassergefährdenden Stoffen ist die Beständigkeit der Beschichtung gegen die einwirkenden Flüssigkeiten nachzuweisen [12].

Je nach Art und Größe der Oberflächenbeanspruchung kommen unterschiedliche Beschichtungen zur Ausführung.

Oberflächenschutzsystem OS 6 als chemisch widerstandsfähige Beschichtung für mechanisch geringe Beanspruchung.

Eigenschaften:
- Verhinderung der Aufnahme von in Wasser gelösten Schadstoffen,
- Verhinderung des Wassereindringens,
- Verbesserung des Widerstands gegen Chemikalien,
- Verbesserung des Frost-Tausalzwiderstandes.

Die Beschichtung entsteht durch Grundierung auf Reaktionsharzbasis und durch eine oder mehrere Deckschichten aus Reaktionsharzen. Mindestschichtdicke 500 µm, Oberflächenzugfestigkeit des Betons nach Kugelstrahlen der Oberfläche im Mittel 1,5 N/mm^2, Betonoberfläche möglichst trocken, Feuchtegehalt des Betons höchstens 4,0 M.-% gemessen mit der Darrmethode nach DIN 1048 Teil 5 Abschn. 7.7 an Proben aus der Mitte der Betonplatte, Temperatur mindestens 8 °C.

Oberflächenschutzsystem OS 8 als chemisch widerstandsfähige Beschichtung für befahrbare, mechanisch stark belastete Flächen.

Eigenschaften:
- Verhinderung der Aufnahme von in Wasser gelösten Schadstoffen,
- Verbesserung des Widerstands gegen Chemikalien,
- Verbesserung des Verschleißwiderstandes.

Zusätzlich je nach Anforderungen eine oder mehrere folgende Eigenschaften:

- ❑ Verhinderung der Wasseraufnahme,
- ❑ Verbesserung des Frost-Tausalzwiderstandes,
- ❑ Verbesserung der Griffigkeit,
- ❑ Dekontaminierbarkeit,
- ❑ elektrische Ableitfähigkeit,
- ❑ physiologische Unbedenklichkeit,
- ❑ Eignung bei rückseitiger Wassereinwirkung.

Die Beschichtung entsteht durch lösemittelfreie Grundierung auf Reaktionsharzbasis und eine oder mehrere ggf. pigmentierte Deckschichten aus Reaktionsharzen, ggf. mit mineralischen Füllstoffen versetzt oder mit Gewebe verstärkt. Mindestschichtdicke 1 mm, maximale Schichtdicke 3 mm, Oberflächenzugfestigkeit des Betons nach Kugelstrahlen der Oberfläche im Mittel 1,5 N/mm^2, bei besonderen Anforderungen 2 N/mm^2, Betonoberfläche möglichst trocken, Feuchtegehalt des Betons höchstens 4,0 M.-% gemessen mit der Darrmethode nach DIN 1048 Teil 5 Abschn. 7.7 an Proben aus der Mitte der Betonplatte, Temperatur mindestens 8 °C.

Oberflächenschutzsystem OS 11 als Beschichtung für befahrene Flächen mit mindestens erhöhter Rißüberbrückung.

Eigenschaften:

- ❑ Verhinderung der Aufnahme von in Wasser gelösten Schadstoffen,
- ❑ Verhinderung der Wasseraufnahme,
- ❑ Verbesserung des Widerstands gegen Chemikalien,
- ❑ Verbesserung des Frost-Tausalzwiderstandes,
- ❑ Verbesserung der Griffigkeit,
- ❑ dauernde Rißüberbrückung vorhandener und neu entstehender Trennrisse unter temperatur- und lastabhängigen Bewegungen.

Die Beschichtung entsteht durch Grundierung auf Reaktionsharzbasis mit Abstreuung durch trockenen Quarzsand 0,2 bis 0,7 mm, elastische Beschichtung als rißüberbrückende Zwischenschicht und Deckbeschichtung aus hochfestem Reaktionsharzbindemittel, Glasgewebe oder Glasvfies. Mindestschichtdicken jeweils 1,5 mm, Oberflächenzugfestigkeit des Betons nach Kugelstrahlen der Oberfläche im Mittel 1,5 N/mm^2 bzw. 2 N/mm^2, Betonoberfläche möglichst trocken, Feuchtegehalt des Betons höchstens 4,0 M.-% gemessen mit der Darrmethode nach DIN 1048 Teil 5 Abschn. 7.7 an Proben aus der Mitte der Betonplatte, Temperatur mindestens 8 °C.

12 Inbetriebnahme

Der Betonboden darf erst nach ausreichender Erhärtung für die Nutzung freigegeben werden. Der Zeitpunkt ist einerseits von der erreichten Druckfestigkeit, andererseits von einem ausreichenden Widerstand gegen mechanische und chemische oder Frost-Tausalzbeanspruchung abhängig.

Flächen im Freien oder ans Freie anschließende Flächen, die im Herbst hergestellt und im folgenden Winter durch Frost und Tausalz beansprucht werden, sind mit Silan oder Siloxan zu imprägnieren (s. Abschnitt 11.3). Einem ersten Imprägnierungsvorgang folgt kurz darauf ein zweiter, der dann aber bis zur Inbetriebnahme mindestens 24 Stunden aushärten soll.

Wenn für die Beanspruchung nur die Druckfestigkeit maßgebend ist, kann eine Inbetriebnahme erfolgen, nachdem 70 % der geforderten Druckfestigkeit erreicht sind. Das kann bei günstigen Erhärtungsbedingungen schon fünf bis sieben Tage nach der Herstellung der Fall sein, bei frühhochfestem Beton ggf. schon nach 24 Stunden. Zu schnelles Abkühlen der Oberfläche ist bei sehr früher Nutzung kritisch.

Bei Beton B 35 ist für die Inbetriebnahme eine mittlere Druckfestigkeit $\beta_{Wm} = 0{,}70 \cdot 40{,}0 = 28$ N/mm^2 erforderlich.

13 Qualitätssicherung

Damit der Betonboden auf lange Zeit den späteren Beanspruchungen gewachsen ist, sind zur Qualitätssicherung verschiedene Prüfungen vor und während der Bauausführung erforderlich.

13.1 Prüfung des Untergrundes und der Tragschicht

Da die Tragfähigkeit des Untergrundes und der Tragschicht sehr abhängig von der Verdichtung ist, ist die Überprüfung der erreichten Verdichtung besonders wichtig.

Der Auftraggeber muß entscheiden, ob die Prüfung der Tragfähigkeit des Untergrundes und der Tragschicht durch ein Institut für Erd- und Grundbau erfolgen soll.

Einfache Baustellenverfahren können eine wertvolle Hilfe zur Feststellung der erreichten Verdichtung sein (Abschn. 13.1.2).

13.1.1 Nivellieren

Nach jedem Verdichtungsübergang wird die Setzungszunahme der Schicht durch Nivellieren festgestellt. Dazu können Nivellierlatten mit Auflegeplatten verwendet werden. Wenn sich die Höhenlage der

Schichtoberfläche bei wiederholten Verdichtungsübergängen nicht mehr ändert, kann davon ausgegangen werden, daß die Tragschicht ausreichend verdichtet ist. Ein Trugschluß ist allerdings möglich, wenn das verwendete Verdichtungsgerät nicht wirksam genug arbeitet oder wenn die tatsächliche Feuchtigkeit des Materials von der optimalen Feuchtigkeit zu weit entfernt ist. Eine genauere Prüfung nach Abschn. 13.1.3 oder 13.1.4 kann dieses klären.

13.1.2 Befahren mit Lkw

Die Prüfung der Gleichmäßigkeit der Verformbarkeit von Untergrund und Tragschicht kann mit dem „Befahrungsversuch" erfolgen. Dieses ist ein Schnellprüfverfahren, das nach kurzer Vorbereitung und Versuchsdauer einen raschen Überblick über die Verformbarkeit von Untergrund oder Tragschicht ergibt. Dadurch können sowohl die Anzahl genauerer Prüfungen verringert als auch die Ansatzpunkte gezielter Untersuchungen ausgewählt werden.

Die Prüffläche wird durch einen zweiachsigen Lkw befahren: Hinterachse mit Zwillingsbereifung, Reifendruck 6 bar, zul. Gesamtgewicht etwa 14 t, Radlast 50 kN (5 t), Fahrgeschwindigkeit 4 bis 6 km/h (Schritt-Tempo).

An ausgewählten Meßpunkten wird mit einer Meßlehre die genaue Höhenlage vor und nach dem Befahren durch Nivellieren festgestellt (Nivelliergerät mit mindestens 30facher Vergrößerung). Die sich aus den beiden Nivellements ergebenden Radeinsenkungen ergeben den Einsenkungswert s. Gleichmäßige Einsenkungswerte lassen eine gleichmäßige Verformung und damit eine gleichmäßige Tragfähigkeit erkennen. Mit Hilfe des Diagramms in Bild 13.1 kann zu jedem Einsenkungswert s der zugehörige mittlere Verformungsmodul E_{v2} überschläglich abgeschätzt werden. Tafel 13.1 zeigt, welcher Verformungsmodul E_{v2} für die maximalen Belastungen des Betonbodens durch Einzellasten erforderlich ist.

Bei federnden Bereichen des Untergrundes ist ein Austausch des Bodens vor dem Einbau der Tragschicht erforderlich (Abschn. 3.1 und 4.2).

13.1.3 Prüfung des Verformungsmoduls E_{v2}

Für höher belastete, größere oder anspruchsvollere Betonböden sollte stets der Verformungsmodul des Untergrundes und der Tragschicht als E_{v2}-Wert durch Plattendruckversuche nach DIN 18 134 geprüft werden [8]. Zweck des Plattendruckversuches ist es, die Verformbarkeit und die Tragfähigkeit eines Bodens oder einer Tragschicht beurteilen zu können.

Der Plattendruckversuch ist ein Prüfverfahren, bei dem der Untergrund

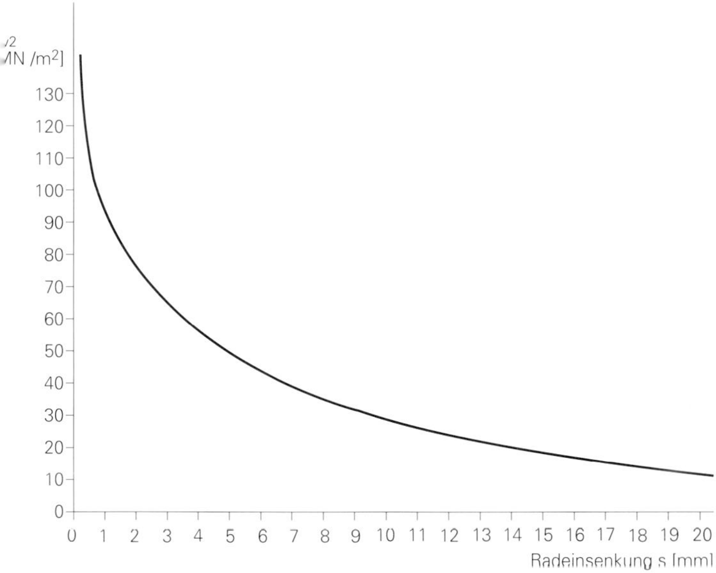

Bild 13.1: Verformungsmodul E_{v2} in Abhängigkeit von der Radeinsenkung s [31]

durch eine kreisförmige Lastplatte mit Hilfe einer Druckvorrichtung wiederholt stufenweise belastet und entlastet wird. Die Druckspannungen $\Delta\sigma$ unter der Lastplatte mit dem Durchmesser d und die zugehörigen Setzungen Δs der einzelnen Laststufen werden in einem Diagramm als Drucksetzungslinie dargestellt. Anhand der Drucksetzungslinie der Erstbelastung und der Wiederbelastung werden der E_{v1}-Wert und der E_{v2}-Wert berechnet.

$$E_v = \frac{3}{4} d \cdot \frac{\Delta\sigma}{\Delta s}$$

Zur Beurteilung ausreichender Tragfähigkeit ist der E_{v2}-Wert maßgebend (Tafel 13.1). Das Verhältnis beider Werte darf nicht zu groß sein. Bedingung: $E_{v2}/E_{v1} \leq 2{,}5$.

Für die Durchführung von Plattendruckversuchen sind erforderlich: ein Plattendruckgerät, ein Belastungswiderlager als Gegengewicht (z.B. beladener Lkw) sowie Einrichtungen für die Kraftmessung und die Messung von Setzungen. Plattendruckversuche können durch Institute für Erd- und Grundbau durchgeführt werden.

13.1.4 Prüfung des Verdichtungsgrades D_{Pr}

Ein weiteres Prüfverfahren ist das Feststellen des Verdichtungsgrades. Er ist nach DIN 18 125 Teil 2 [7] zu prüfen, und zwar ausgehend von der einfachen Proctordichte, die mit dem Ausstechzylinderverfahren

Tafel 13.1: Erforderlicher Verformungsmodul des Untergrundes und der Tragschicht unter Betonböden [nach Lohmeyer]

Belastung max. Einzellast Q in kN (t)	Verformungsmodul des **Untergrundes** E_{v2} in N/mm² bzw. MN/m² (s. Abschn. 13.1.3)	Radeinsenkung s in mm eines Lkw mit Radlas 50 kN (5t) (s. Abschn. 13.1.2)
	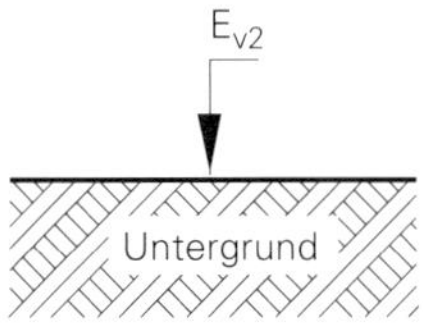	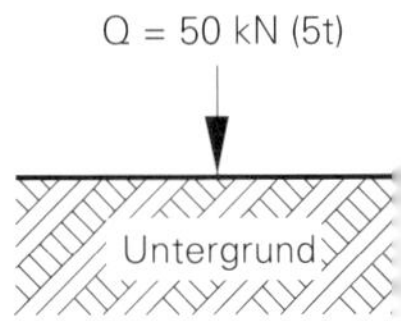
≤ 32,5 (≤ 3,25)	≥ 30	≤ 8
≤ 60 (≤ 6,0)	≥ 45	≤ 6
≤ 100 (≤ 10,0)	≥ 60	≤ 4
≤ 150 (≤ 15,0)	≥ 80	≤ 2
≤ 200 (≤ 20,0)	≥ 100	≤ 1

festgestellt wird. Der Verdichtungsgrad ergibt sich aus der festgestellten vorhandenen Trockenrohdichte ρ_d im Verhältnis zur optimal erreichbaren Trockenrohdichte ρ_{Pr} beim genormten Proctorversuch.

$$D_{Pr} = \frac{\rho_d}{\rho_{Pr}} \cdot 100 \text{ in } \%$$

Bei grobkörnigem Material ist ein Ersatzverfahren anzuwenden. Eine näherungsweise Zuordnung von Verdichtungsgrad D_{Pr} und Verformungsmodul E_{v2} ist nach Tafel 13.2 möglich.

Es ist empfehlenswert, mit der Durchführung der Prüfung ein Erd- und Grundbau-Institut zu beauftragen [32].

13.1.5 Prüfung der Ebenheit

Die profilgerechte Lage und die Ebenheit der Oberfläche von Untergrund (s. Abschnitt 4.2) und Tragschicht (s. Abschnitt 4.3) sind durch Nivellieren oder andere geeignete Maßnahmen zu prüfen. Dabei ist zu beachten, daß trotz der zulässigen Ebenheitstoleranzen oder bei ungenauer Höhenlage der Tragschicht die erforderliche Dicke der Betonplatte an jeder Stelle vorhanden sein muß.

13.2 Prüfungen des Betons

Bei den Betonprüfungen unterscheidet man zwischen Eignungsprüfungen, die vor der Ausführung, und Güteprüfungen, die während der Aus-

/erformungsmodul der **Tragschicht**[1)] E_{v2} in N/mm² bzw. MN/m² (s. Abschn. 13.1.3) 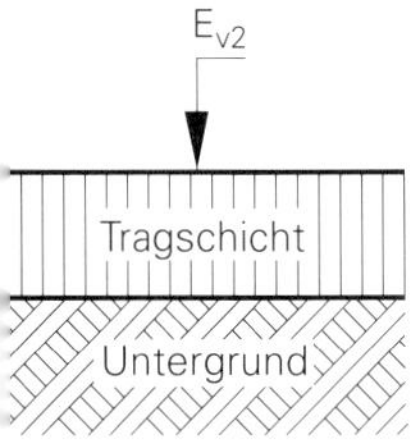	Radeinsenkung s in mm eines Lkw mit Radlast 50 kN (5t) (s. Abschn. 13.1.2) 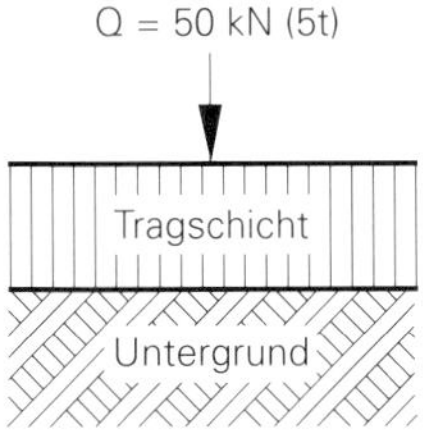
≥ 80	≤ 2
≥100	≤ 1
≥120	–
≥150	–
≥180	–

1) Bedingung für die Anwendung der E_{v2}-Werte: $E_{v2}/E_{v1} \leq 2{,}5$

führung durchgeführt werden. Die Prüfungen haben nach DIN 1048 zu erfolgen [4].

13.2.1 Eignungsprüfungen

Eignungsprüfungen sind Prüfungen, bei denen die Eignung der Baustoffe und des Betons für den vorgesehenen Verwendungszweck nachgewiesen werden sollen.

Bei Verwendung von Baustellenbeton ist das Bauunternehmen, bei Verwendung von Transportbeton das Transportbetonwerk zuständig für die Ausführung der Eignungsprüfungen.

In entsprechenden Fällen kann auf frühere Eignungsprüfungen zurückgegriffen werden, wenn sich Art und Eigenschaften der zu verwenden-

Bodenart	D_{Pr} in %	E_{v2} in MN/m²
Kiesgemisch R1 und R2	≥ 103 ≥ 100 ≥ 97	≥ 120 ≥ 100 ≥ 80
Kiesgemisch R3 Sandböden	≥ 100 ≥ 97 ≥ 95	≥ 80 ≥ 60 ≥ 45

Tafel 13.2: Näherungsweise Zuordnung von Verdichtungsgrad D_{Pr} und Verformungsmodul E_{v2} bei grobkörnigen Bodenarten [21]

den Baustoffe und des Betons nicht geändert haben. Ergeben sich Änderungen, z.B. auch der Einbaubedingungen, so sind erneut Eignungsprüfungen durchzuführen.

Die Ergebnisse der Eignungsprüfungen sind in einem Prüfbericht festzuhalten und auf Verlangen dem Auftraggeber vorzulegen.

13.2.2 Güteprüfungen

Güteprüfungen sind Eigenüberwachungsprüfungen. Es soll dabei während der Bauausführung vom Bauunternehmen oder dessen Beauftragten festgestellt werden, ob die Güteeigenschaften der Baustoffe, des Betons und der fertigen Leistung den vertraglichen Anforderungen entsprechen.

Der bei der Eignungsprüfung festgelegte Wasserzementwert darf nicht überschritten werden. Eine zusätzliche Wasserzugabe würde eine Qualitätsminderung des Betons bedeuten. Die Rißgefahr würde erhöht, verstärkte Absandungen der Betonoberfläche sind möglich.

Der Fahrer des Mischfahrzeugs muß eine Anweisung erhalten, daß er ohne vorherige Abstimmung mit dem zuständigen Betontechnologen des Transportbetonwerks die Konsistenz des Betons nicht verändern darf. Wenn die Konsistenz des Betons zu steif ist, kann erforderlichenfalls Fließmittel FM nach Anweisung des Werks zugegeben werden. Die Ergebnisse der Güteprüfungen sind dem Auftraggeber auf Verlangen vorzulegen.

13.2.3 Erhärtungsprüfungen

Erhärtungsprüfungen sollen über den jeweiligen Erhärtungszustand des Betons Auskunft geben. Bei Betonböden, die möglichst schnell in Betrieb genommen werden sollen und insbesondere bei frühhochfestem Beton, sind zusätzliche Probekörper für die Druckfestigkeitsprüfung herzustellen.

Diese Probekörper werden neben dem Betonboden unter gleichen Temperatur- und Feuchtigkeitsverhältnissen gelagert wie der Betonboden selbst. Es sind hierfür Einweg-Würfelformen aus Hartschaum zu empfehlen. Andernfalls sind die Probekörper nach dem Ausschalen seitlich in Hartschaumplatten oder in ein anderes wärmedämmendes Material einzupacken, da auch beim großflächigen Betonboden eine seitliche Wärmeabgabe kaum möglich ist. Nach oben sind die Probekörper in gleicher Weise wie der Betonboden gegen Wärme- und Wasserverlust zu schützen.

Die Prüfung erfolgt zu dem Zeitpunkt, für den eine ausreichende Festigkeit zur Inbetriebnahme des Betonbodens erwartet wird. Zweckmäßig ist es, jeweils zwei Probekörperserien (2 x 3 Probekörper) je Betoniertag für die Erhärtungsprüfung herzustellen.

13.2.4 Umfang der Prüfungen

Für den Umfang der Prüfungen des Betons ist weder die DIN 1045 noch die ZTV Beton bindend. In der Tafel 13.3 wird ein Umfang der Prüfungen angegeben, der sowohl für das Bauunternehmen zumutbar ist als auch für den Auftraggeber eine ausreichende Sicherheit bietet. Es handelt sich hierbei um Empfehlungen, die aufgrund von Erfahrungen als zweckmäßig erkannt wurden. Die erforderlichen Prüfungen sind in der Leistungsbeschreibung festzulegen und vertraglich zu vereinbaren.

13.2.5 Bewertung der Prüfergebnisse

Damit eine gleichmäßige Güte des Betons sichergestellt wird, ist durch Prüfungen nachzuweisen, daß die Anforderungen an den Beton entsprechend Tafel 5.1 erfüllt sind.

Frischbeton

Bei Abweichung von der vorgesehenen Konsistenz des Frischbetons muß angenommen werden, daß der Wassergehalt des Betons verändert wurde und damit auch der Wasserzementwert nicht mehr stimmt (s. Abschn. 13.2.2). Sofortige Gegenmaßnahmen sind nötig, da sonst die Qualität des Betons beeinträchtigt wird. Ein Beton mit falscher Konsistenz darf nicht eingebaut werden. Abweichungen von ± 3 cm im Ausbreitmaß müssen jedoch zugestanden werden.

Festbeton

Wenn die Druckfestigkeit des Betons nicht an 200-mm-Würfeln, sondern an anderen Probekörpern gemessen wird, sind die Umrechnungswerte aus Tafel 13.4 zu verwenden.

Anstelle des Nachweises der Druckfestigkeit im Rahmen der Güteprüfung kann eine Entnahme von Bohrkernen für Erhärtungsprüfungen vereinbart werden. Damit ist gleichzeitig ein Nachweis der Plattendicke möglich.

Die Bewertung der Druckfestigkeit erfolgt unter Berücksichtigung der Erhärtungstemperaturen nach DIN 1048 Teil 2. Zeitbeiwerte können nach ZTV Beton-Stb 93 [20] berücksichtigt werden.

Betone, die einem chemischen Angriff ausgesetzt sind oder die aus anderen Gründen eine Durchfeuchtung verhindern sollen, sind auf Wasserundurchlässigkeit nach DIN 1048 zu prüfen. Die beim Prüfverfahren nach DIN 1048 festgestellte Wassereindringtiefe e_w soll im Mittel von drei Probeplatten folgende Werte nicht überschreiten:

$e_w \leq 50$ mm bei wasserundurchlässigem Beton,
$e_w \leq 50$ mm bei Beton mit hohem Widerstand gegen *schwachen* chemischen Angriff nach DIN 4030,
$e_w \leq 30$ mm bei Beton mit hohem Widerstand gegen *starken* chemischen Angriff nach DIN 4030.

Tafel 13.3: Umfang der Prüfungen [nach Lohmeyer, in Anlehnung an DIN 1084 und ZTV-Beton]

Prüfgegenstand		Eignungsprüfungen	Güteprüfungen
1	**Ausgangsstoffe** Übereinstimmung zwischen Lieferschein bzw. Verpackung und bautechnischen Unterlagen:	jede Lieferung	jede Lieferung
1.1	*Zement* Übereinstimmung zwischen Lieferschein und Eignungsprüfung:	–	jede Lieferung
1.2	*Zuschlag*		
1.2.1	Kornzusammensetzung:	in jedem Fall	für Sand täglich; für Kies und Splitt, wenn nach Augenschein Zweifel bestehen
1.2.2	Gesteinseigenschaften:	nach Augenschein, im Zweifelsfall nach DIN 4226	jede Lieferung nach Augenschein, im Zweifelsfall nach DIN 4226
1.2.3	Schädliche Bestandteile:	wie 1.2.2	wie 1.2.2
1.2.4	Oberflächenfeuchte:	in jedem Fall	fallweise festzustellen
2	**Frischbeton**		
2.1	Konsistenz nach Augenschein:	in jedem Fall	jede Mischung
	nach DIN 1048:	in jedem Fall	einmal täglich
2.2	Wasserzementwert:	ist anzugeben	–
2.3	Zusammensetzung:	ist anzugeben	–
2.4	Rohdichte:	in jedem Fall	bei jeder Prüfkörperherstellung
2.5	LP-Gehalt und Lufttemperatur:	in jedem Fall	einmal täglich
2.6	Betontemperatur:	in jedem Fall	dreimal täglich bei Lufttemperaturen nahe +5 °C und über 25 °C
2.7	Dicke:	–	durch Nivellieren oder durch Abschnüren über die Schalung bzw. Abziehlehren in mind. 20 m Abstand
2.8	Profilgerechte Lage:	–	Einmessen der Schalung bzw. Abziehlehren in mind. 4 m Abstand durch Nivellieren

Prüfgegenstand	Eignungsprüfungen	Güteprüfungen
3 Festbeton		
3.1 Druckfestigkeit und Rohdichte:	in jedem Fall drei Probewürfel	je Betoniertag und je 1 000 m² ein Probewürfel oder Bohrkern, insgesamt mind. jedoch 1 Serie mit 3 Probekörpern
3.2 Biegezugfestigkeit:	in jedem Fall drei Probebalken 150 · 150 · 700 mm für zwei Einzellasten nach DIN 1048 [4]	–
3.3 Wasserundurchlässigkeit:	ggf. drei Probeplatten 200 · 200 · 120 mm nach DIN 1048 [4]	ggf. eine Probeplatte je 1 000 m², insgesamt min. jedoch drei Probeplatten
3.4 Ebenheit:	–	sobald wie möglich nach Herstellung durch Auflegen einer 4 m langen Richtlatte in Längs- und Querrichtung oder durch Nivellieren
3.5 Schleifverschleiß:	nach DIN 18 560 [11]	nur Bestätigungsprüfung in Sonderfällen nach Abschn. 1.3.2.6

13.2.6

Bestätigungsprüfung

Eine Bestätigungsprüfung ist nur in Sonderfällen durchzuführen, wenn z.B. bei einer Hartstoffschicht erhebliche Zweifel am Schleifverschleiß der Betonoberfläche bestehen. Dabei kann es nötig werden, die Eigenschaften durch Entnahme von mindestens drei Proben aus dem einge-

Tafel 13.4: Umrechnungswerte für Betodruckfestigkeiten (nach DIN 1045 und DIN 1048) [1], [4]

$\beta_{w200} = 0,95 \cdot \beta_{w150}$	für Würfel mit 150 mm Kantenlänge
$\beta_{w200} = 1,18 \cdot \beta_{c300}$	für Zylinder 300 mm hoch und 150 mm Durchmesser
$\beta_{w200} = \frac{1,0}{0,85} \cdot \beta_{c150}$	für Bohrkerne 150 mm hoch und 150 mm Durchmesser im Alter von 28 bis 90 Tagen
$\beta_{w200} = \frac{1,0}{0,85} \cdot \beta_{c100}$	für Bohrkerne 100 mm hoch und 100 mm Durchmesser im Alter von 28 bis 90 Tagen
$\beta_{w200} = \frac{0,9}{0,85} \cdot \beta_{c50}$	für Bohrkerne 50 mm hoch und 50 mm Durchmesser bei 16 mm Größtkorn im Alter von 28 bis 90 Tagen

bauten Betonboden zu bestimmen. Die Bestätigungsprüfung ist nach DIN 18 560 Teil 1 bzw. Teil 7 durchzuführen [12].

13.2.7 Prüfung der Ebenheit

Die Prüfung der profilgerechten Lage und der Ebenheit der Oberfläche erfolgt nach DIN 18 202. Unebenheiten der Oberflächen von Tragschicht und Betonplatte dürfen an keiner Stelle zu Unterschreitungen der erforderlichen Dicke der Betonplatte führen.

Im Zweifelsfall Prüfung der Betonplattendicke durch Entnahme von Bohrkernen an entsprechenden Stellen.

Für alle tragenden Bauteile unserer Bauwerke werden im allgemeinen statische Berechnungen aufgestellt und Bemessungen durchgeführt. Ohne einen statischen Nachweis werden keine Baugenehmigungen erteilt.

Bei Betonböden sieht der Sachverhalt anders aus. Beim Versagen eines Betonbodens stürzt nichts ein, die Standsicherheit des Bauwerks ist nicht gefährdet. Für den Nutzer einer Halle kann das Versagen eines Betonbodens jedoch verhängnisvoller sein, als ein Mangel am Dach oder an Wänden. Durch Versagen eines Betonbodens kann der gesamte Betriebsablauf gestört werden.

Eine Bemessung von Betonböden ist in exakter Weise nicht durchführbar. Einerseits sind die unterschiedlichen Beanspruchungsarten nur schlecht zu erfassen, andererseits sind die Lagerungsbedingungen der Betonplatten auf dem Untergrund oder auf der Tragschicht von vielen Einflüssen abhängig, die sich einer genaueren rechnerischen Erfassung entziehen.

Die hier vorgeschlagene „Bemessung" stützt sich im wesentlichen auf die Arbeiten von Westergaard [60], Weil [59] und Eisenmann [46]. Dabei wird davon ausgegangen, daß zunächst ein tragfähiger Untergrund vorhanden ist, auf dem eine Tragschicht aufgebracht wird. Darauf liegt die Betonplatte, die durch schnell wechselnde Verkehrslasten (Radlasten) und ggf. langfristig wirkende Flächenlasten oder sehr hohe Einzellasten (Regalfüße) beansprucht wird. Die Gesamtkonstruktion besteht aus:

- ❑ Betonplatte (Abschnitt 3.4 sowie 5 und 13.2),
- ❑ Tragschicht (Abschnitt 3.2 sowie 4.3 und 13.1),
- ❑ Untergrund (Abschnitt 3.1 sowie 4.2 und 13.1).

Im Normalfall ist die Betonplatte unbewehrt.

Tafel III.1 zeigt in einem Ablaufschema, wann eine Wahl der Konstruktionsteile nach den genannten Tafeln möglich ist oder wann eine genauere Bemessung erforderlich wird.

In den folgenden Abschnitten erläutern Beispiele die Wahl und die Bemessung von Tragschicht und Betonplatte. Die entstehenden Beanspruchungen sollen damit verdeutlicht werden.

14 Bemessung der Tragschicht

Bei Betonböden für Lager- und Produktionshallen wird vielfach zu wenig auf eine ausreichende Tragfähigkeit des Unterbaues geachtet, oder es wird eine Tragschicht überhaupt nicht eingebaut. Viele Mängel an Betonböden sind auf nicht genügende Tragfähigkeit der Unterkonstruktion zurückzuführen.

Tafel III.1: Ablaufschema zur Bemessung eines Betonbodens

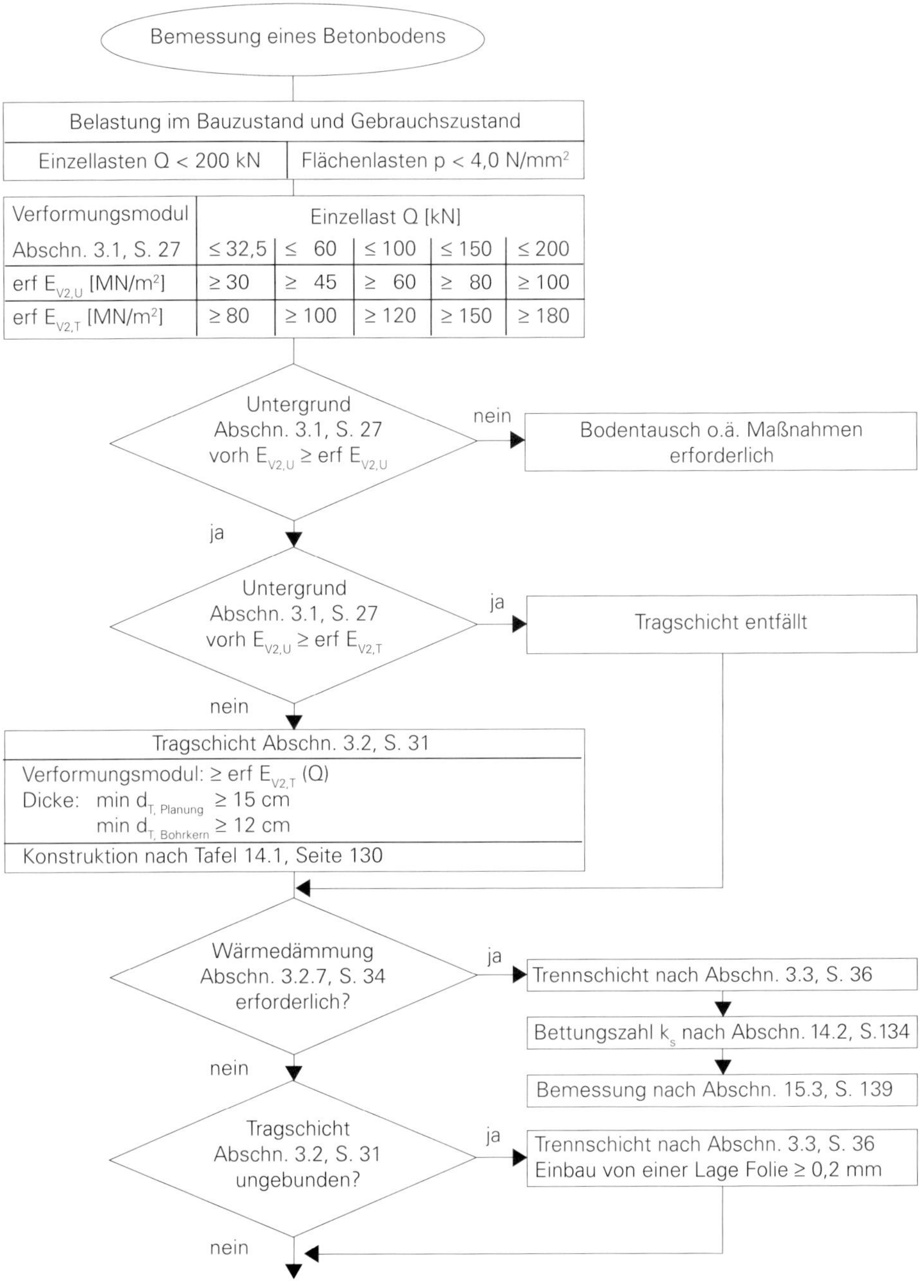

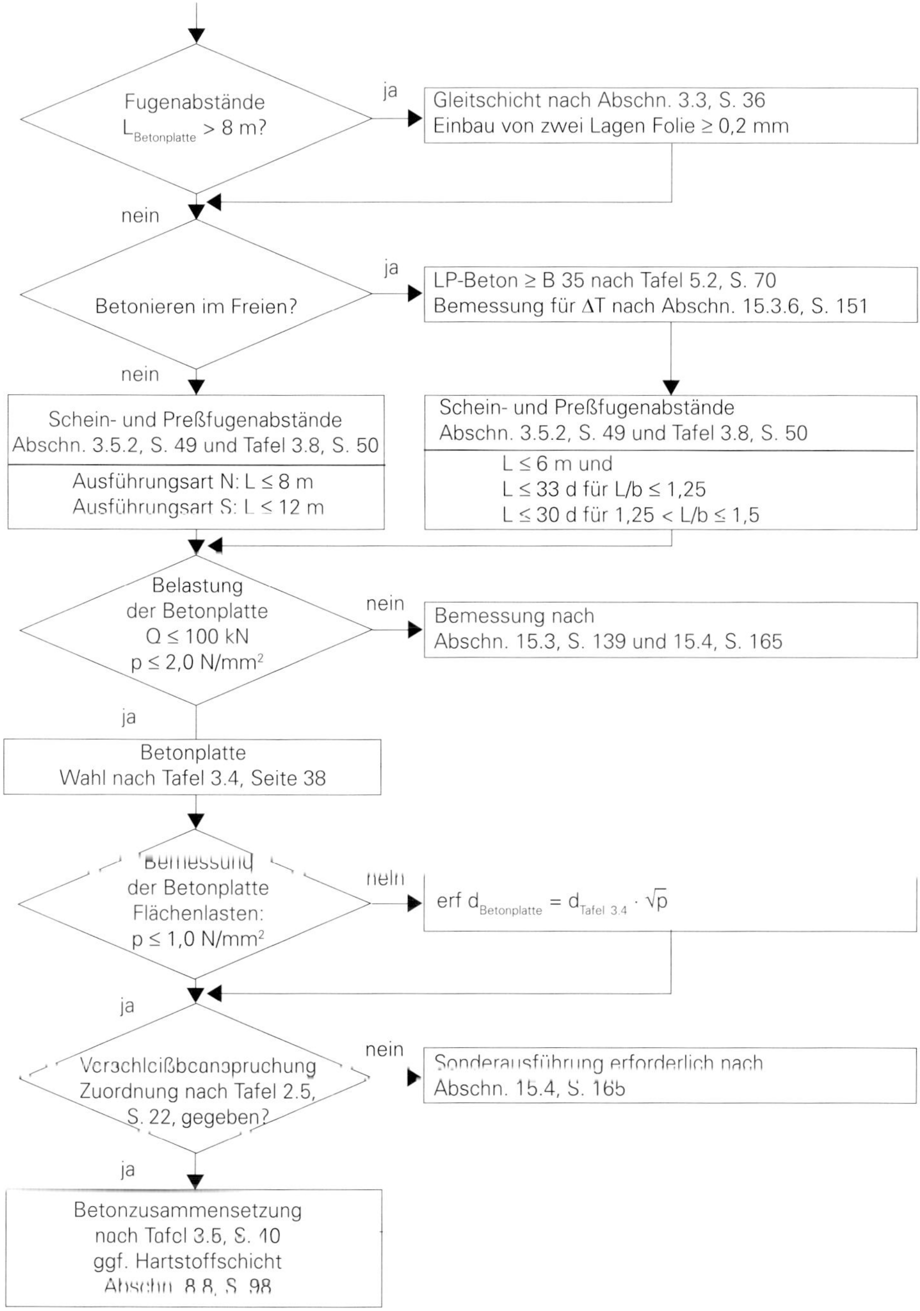
Fugenabstände
$L_{Betonplatte}$ > 8 m?
ja
Gleitschicht nach Abschn. 3.3, S. 36
Einbau von zwei Lagen Folie ≥ 0,2 mm
nein
Betonieren im Freien?
ja
LP-Beton ≥ B 35 nach Tafel 5.2, S. 70
Bemessung für ΔT nach Abschn. 15.3.6, S. 151
nein
Schein- und Preßfugenabstände
Abschn. 3.5.2, S. 49 und Tafel 3.8, S. 50
Ausführungsart N: L ≤ 8 m
Ausführungsart S: L ≤ 12 m
Schein- und Preßfugenabstände
Abschn. 3.5.2, S. 49 und Tafel 3.8, S. 50
L ≤ 6 m und
L ≤ 33 d für L/b ≤ 1,25
L ≤ 30 d für 1,25 < L/b ≤ 1,5
Belastung
der Betonplatte
Q ≤ 100 kN
p ≤ 2,0 N/mm²
nein
Bemessung nach
Abschn. 15.3, S. 139 und 15.4, S. 165
ja
Betonplatte
Wahl nach Tafel 3.4, Seite 38
Bemessung
der Betonplatte
Flächenlasten:
p ≤ 1,0 N/mm²
nein
erf $d_{Betonplatte} = d_{Tafel\ 3.4} \cdot \sqrt{p}$
ja
Verschleißbeanspruchung
Zuordnung nach Tafel 2.5,
S. 22, gegeben?
nein
Sonderausführung erforderlich nach
Abschn. 15.4, S. 165
ja
Betonzusammensetzung
nach Tafel 3.5, S. 40
ggf. Hartstoffschicht
Abschn. 8.8, S. 98

14.1

Kies- und Schottertragschichten

Eine Betonplatte wird bei gleicher Belastung um so mehr auf Biegung beansprucht, je nachgiebiger die Unterkonstruktion ist. Es wird angenommen, daß Betonplatten elastisch gelagert sind, also auf elastischer Bettung liegen. Die Steifigkeit dieser Bettung kann durch den Bettungsmodul k_s rechnerisch erfaßt werden. Der Bettungsmodul ist eine Kenngröße zur Beschreibung der Nachgiebigkeit der Oberfläche einer Tragschicht oder eines Bodens unter einer Flächenlast.

Für ungebundene Tragschichten ergibt sich der Bettungsmodul k_s aus der Druckspannung σ_0, die unter einer Lastplatte herrscht, im Verhältnis zur dabei stattfindenden Setzung s:

$$\text{Bettungszahl } k_s = \frac{\sigma_0}{s} \text{ in } \frac{\text{N/mm}^2}{\text{mm}} = \frac{\text{N}}{\text{mm}^3} \qquad \text{(Gl. 1)}$$

Zur Ermittlung des Bettungsmoduls k_s dienen Meßwerte des Plattendruckversuchs nach DIN 18 134. Es ist der gleiche Versuch, der auch zur Überprüfung einer einwandfreien Verdichtung von Tragschichten durchgeführt werden kann, wobei der Verformungsmodul E_{v2} bestimmt wird (Abschn. 13.1.3). Sofern eine einwandfreie Verdichtung der Tragschicht gegeben ist und der nach Tafel 13.1 erforderliche Verformungsmodul E_{v2} erreicht wurde, kann bei der Bemessung entsprechend den Angaben des Erd- und Grundbauinstituts mit einem Bettungsmodul von k_s = 15 bis 70 MN/m³ gerechnet werden. Dieser Bettungsmodul wird auch als Bettungszahl bezeichnet.

Für Einzellasten bis 150 kN und klaren Untergrundverhältnissen sowie gut verdichteter Tragschicht kann mit folgender Bettungszahl gerechnet werden:

$$\text{Bettungszahl } k_s \approx 50 \text{ MN/m}^3 = 0{,}05 \text{ N/mm}^3 \qquad \text{(Gl. 2)}$$

Bei größeren Bettungszahlen für höher belastbare Tragschichten ändert sich die Biegebeanspruchung der Betonplatte kaum.

Bei kleineren Bettungszahlen für geringer belastbare Tragschichten nimmt die Biegebeanspruchung der Betonplatte zu. Hier können bei Überschreitung der Biegezugspannungen in der Betonplatte Risse entstehen, auch wenn die Betonplatte bewehrt ist.

Kleinere Bettungszahlen und somit größere Beanspruchungen der Betonplatte entstehen bei schlecht verdichtetem Untergrund oder beim Einbau von Wärmedämmschichten.

Für die Wahl der Tragschichtart und -dicke ist die Gesamtbeanspruchung entscheidend. Die wesentlichste Beanspruchung entsteht jedoch durch punktförmig wirkende Lasten. Dieses können sowohl bewegliche

Lasten aus den Fahrzeugen und Gabelstaplern sowie auch langfristig wirkende Lasten aus Regalen oder Containern sein.

Es ist sinnvoll, von der Größe dieser punktförmig wirkenden Lasten bei der Bemessung der Tragschicht auszugehen. In Abschnitt 2.1 Tafel 2.2 wurden Beispiele für die Größe der Lasten in Abhängigkeit von der Fahrzeugart genannt.

In Tafel 14.1 werden für die entsprechenden Lasten Q die zugehörigen Tragschichten mit ihrer entsprechenden Dicke angegeben.

Eine Tragschicht soll mindestens in 15 cm Dicke vorgesehen werden. Auch im Bereich von Ungenauigkeiten darf die Tragschichtdicke an keiner Stelle weniger als 12 cm betragen. Bei der Auswahl des Tragschichtmaterials sollte auf die Materialien zurückgegriffen werden, die aufgrund der Rohstoffvorkommen preisgünstig angeboten und daher wirtschaftlich eingebaut werden können.

Mit Hilfe der Tafel 14.1 ist die Wahl einer entsprechenden Tragschicht auf einfache Weise möglich. Es ist außerdem zu erkennen, daß verschiedene Tragschichtarten mit ihrer entsprechenden Dicke untereinander austauschbar sind.

Besonderer Hinweis:
Voraussetzung für die Anwendung der Tafel 14.1 ist ein genügend tragfähiger Untergrund, auf den die Tragschicht aufgebracht wird. Er ist genügend tragfähig, wenn mit Plattendruckversuchen nach DIN 18 134 der Verformungsmodul bestimmt wird und der dabei ermittelte E_{v2}-Wert der Tafel 13.1 entspricht.

Beispiel 1: Gleichwertigkeit der Tragschichten bei sehr hohen Lasten

Bei einer Belastung des Betonbodens durch Einzellasten von 140 kN kann zwischen folgenden Tragschichten gewählt werden, die in ihrem Tragverhalten als ungefähr gleichwertig zu betrachten sind (vgl. Tafel 14.1):
15 cm Beton B 10
15 cm zementgebundene Schottertragschicht
20 cm zementgebundene Kiestragschicht
20 cm Bodenverfestigung mit Zement im Zentralmischverfahren
25 cm Schottertragschicht B 1 (Brechkorngemisch A/B 45)
25 cm Bodenverfestigung mit Zement im Baumischverfahren
35 cm Schottertragschicht B 2 (Brechkorngemisch U > 7)

Beispiel 2: Gleichwertigkeit der Tragschichten bei unterschiedlichen Untergründen

Bei frostsicherem Untergrund bringt für eine Radlast von Q = 80 kN eine Bodenverfestigung mit Zement in 15 cm Dicke eine ausreichende Tragfähigkeit (Bild 14.1 a) mit einer 26 cm dicken Betonplatte B 35 (s. Tafel 3.4).

Tafel 14.1: Bemessung der Tragschicht durch Angabe der Tragschichtdicke in cm abhängig von der maximalen Einzellast Q (Voraussetzung: E_{v2}-Werte nach Tafel 13.1) [nach Lohmeyer]

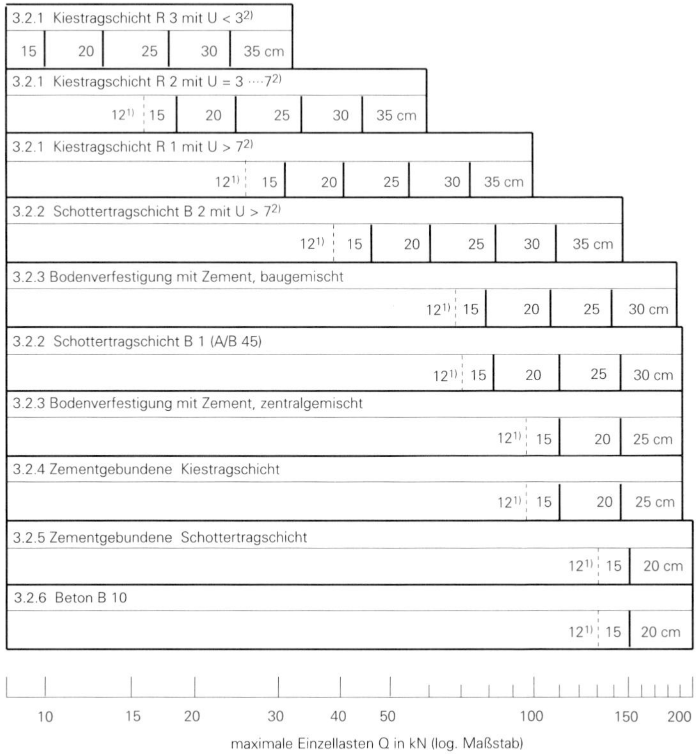

[1)] Geplante Mindestdicke der Tragschicht 15 cm; tatsächlich ausgeführte Dicke der Tragschicht auch an der ungünstigsten Stelle durch Baustellen-Ungenauigkeiten nicht weniger als 12 cm.

[2)] Die Kornzusammensetzung wird durch die Ungleichförmigkeitszahl U gekennzeichnet. Sie errechnet sich aus dem Verhältnis der Korngrößen des Siebdurchganges d_{60} bei 60 M.-% und d_{10} bei 10 M.-% des gesamten Siebgutes: $U = d_{60}/d_{10}$. Erklärungen für die Bezeichnungen R 1, R 2 und R 3 sowie B 1 und B 2 siehe Abschn. 3.2.1 und 3.2.2.

Bei einem nicht frostsicheren Untergrund und daher mindestens 60 cm erforderlichem frostsicheren Aufbau (s. Abschnitt 3.1) bietet sich eine Kiestragschicht R 1 mit 35 cm Dicke an (Bild 14.1b).

Beispiel 3: Gleichwertigkeit der Tragschichten bei niedrigen Lasten

Bei niedrigeren Belastungen bis Q = 30 kN können als gleichwertig angesehen werden (vgl. Tafel 14.1):
35 cm Kiestragschicht R 3 (Rundkorngemisch U < 3)
25 cm Kiestragschicht R 2 (Rundkorngemisch U = 3 ··· 7)
15 cm Kiestragschicht R 1 (Rundkorngemisch U > 7)
oder ersatzweise 15 cm Tragschicht jeder anderen genannten Art.

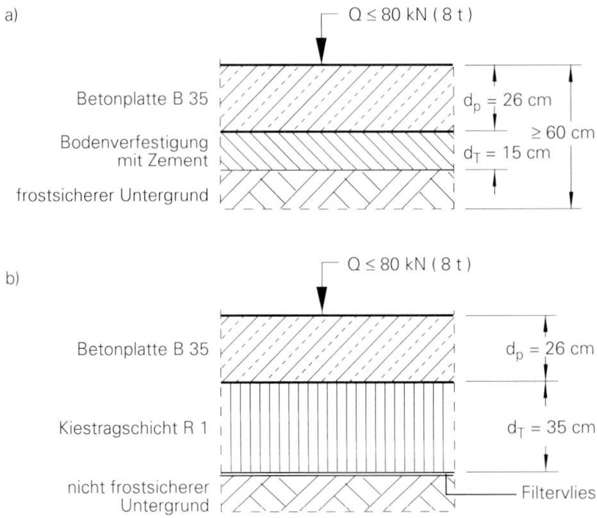

a) unbewehrte Betonplatte auf Bodenverfestigung im Baumischverfahren bei frostsicherem Untergrund
b) unbewehrte Betonplatte auf Kiestragschicht R 1 als Frostschutzschicht mit Filtervlies bei nicht frostsicherem Untergrund

Bild 14.1: Betonböden auf verschiedenen Unterkonstruktionen für eine Belastung von Q = 80 kN im Freien bei normalen Fugenabständen von L ≤ 30 d (s. Tafel 3.8)

Beispiel 4: Gleichwertigkeit der Tragschichten bei unterschiedlichen Untergründen

Bei frostsicherem Untergrund genügt für eine Radlast Q = 55 kN eine 15 cm dicke Schottertragschicht B 1 (Bild 14.2 a) unter einer 22 cm dicken Betonplatte B 35 (s. Tafel 3.4).

Bei einem nicht frostsicheren Untergrund ist ein mindestens 60 cm tiefer frostsicherer Aufbau erforderlich (s. Abschnitt 3.1). Es kann für eine Radlast von Q = 55 kN eine 35 cm dicke Kiestragschicht R 3 (für Q = 30 kN) als Frostschutzschicht mit einer 20 cm dicken Kiestragschicht R 2 (für Q = 25 kN) kombiniert werden (Bild 14.2 b).

Beispiel 5: Kombination verschiedener Tragschichten

Für eine Gesamtlast von Q = 120 kN auf einer 28 cm dicken Betonplatte können z.B. gewählt werden:
35 cm Kiestragschicht R 2 für 60 kN
20 cm Schottertragschicht B 2 für 60 kN
55 cm Gesamttragschicht mit einer Tragfähigkeit von mehr als 120 kN

Diese Kombination ist dann sinnvoll, wenn eine frostsichere Gründung erforderlich ist, die sich hier mit insgesamt 83 cm Dicke ergibt.

Beispiel 6: Tragschichten für Betonböden bei verschiedenen Belastungen

In Tafel 3.3 Abschn. 3.2 wurden mehrere Beispiele für Tragschichten bei verschiedenen Belastungen angegeben.

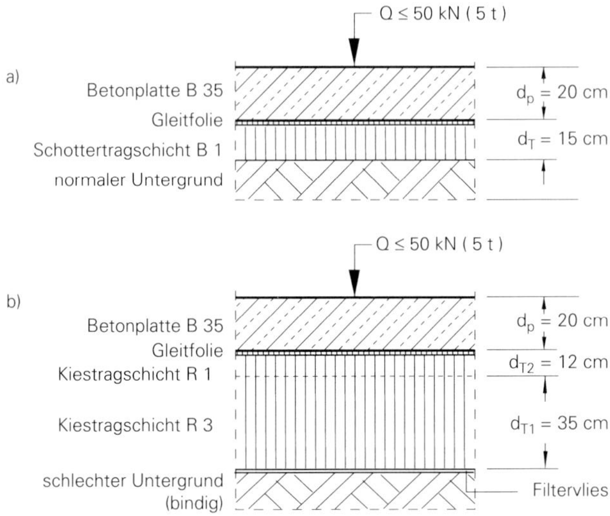

Bild 14.2: Betonböden auf verschiedenen Unterkonstruktionen für eine Belastung von Q = 50 kN im Freien bei Fugenabständen L ≤ 6 m bzw. ≤ 30 d bei rechteckigen Platten nach Tafel 3.8

a) unbewehrte Betonplatte auf Gleitfolie und Schottertragschicht bei frostsicherem Untergrund

b) unbewehrte Betonplatte auf Gleitfolie und Kiestragschichten R 3 und R 1 mit Filtervlies bei nicht frostsicherem Untergrund

14.2

Wärmedämmschichten

Für Wärmedämmschichten aus Polystyrolschaumplatten nach DIN 18 164, die unter der Betonplatte liegen (s. Abschn. 3.2.7), kann die Bettungszahl aus einem in der Norm beschriebenen Verfahren abgeleitet werden. Zur Bestimmung der Lieferdicke d_L wird eine Belastung $\sigma_L = 0{,}25$ kN/m² angesetzt und für die Belastungsdicke dB eine Belastung $\sigma_B = 2{,}00$ kN/m² aufgebracht. Belastungsversuche des Otto-Graf-Instituts zeigten, daß die Bettungszahl eines Dämmstoffes aus der Belastungsdifferenz $\sigma_B - \sigma_L$ 1,75 kN/m² und der Zusammendrückung $d_L - d_B$ in mm berechnet werden kann:

Bettungszahl

$$k_s = \frac{\sigma_B - \sigma_L}{d_L - d_B} = \frac{1{,}75}{d_L - d_B} \text{ in } \frac{\text{kN/m}^2}{\text{mm}} \triangleq \frac{\text{MN}}{\text{m}^3} \quad \text{(Gl. 3)}$$

Bild 14.3 zeigt die Größe der Bettungszahl k_s verschiedener Dämmstoffarten.

Die Bettungszahl für Dämmschichten aus mehreren Dämmstoffen kann sinngemäß aus der Summe der Zusammendrückbarkeit der einzelnen Dämmstoffe berechnet werden.

Die Bemessung der Betonplatte kann nach Abschn. 15.3 erfolgen.

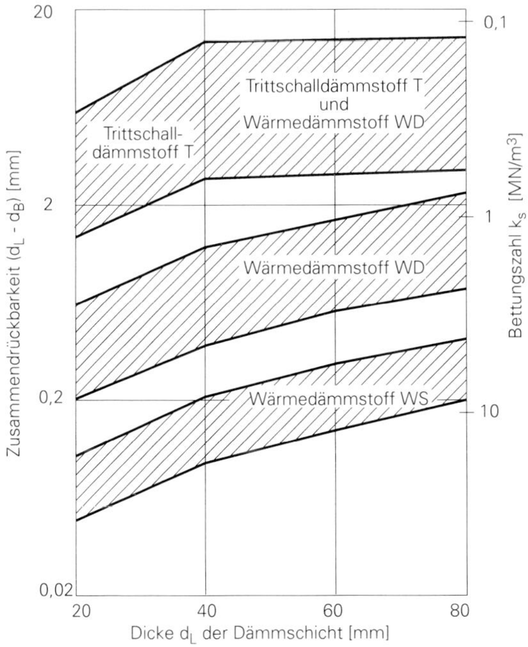

Bild 14.3: Bettungszahl k_s für verschiedene Dämmstoffe in Abhängigkeit von Schichtdicke d_L und Zusammendrückbarkeit d_L - d_B [62]

15 Bemessung der Betonplatte

Bei der Bemessung von Betonböden sollte stets davon ausgegangen werden, daß die Betonplatten möglichst rißfrei bleiben sollen. Deshalb darf die Zugfestigkeit des Betons durch die vorkommenden Beanspruchungen nicht überschritten werden.

Da Betonböden nicht in den Gültigkeitsbereich der DIN 1045 fallen, kann die vorhandene Zugfestigkeit des Betons rechnerisch in Ansatz gebracht werden (s. Abschn. 3). Die Bemessung kann daher nach Zustand I erfolgen: Bemessung mit nicht gerissener Zugzone des Betons. Damit sind unbewehrte Betonplatten möglich.
Bei der Bemessung von Betonböden sind verschiedene Fälle zu unterscheiden. Zur Feststellung, in welcher Form die Bemessung ablaufen soll, kann das Schema der Tafel III.1 verwendet werden (Seite 128).

15.1 Bemessung einfach beanspruchter Betonboden

Für Normalfälle mit Belastungen durch Einzellasten bis zu 100 kN (10 t) mit Lastpressungen auf der Betonplatte bis zu 1,0 N/mm² ist eine vereinfachte Festlegung der Konstruktion in folgender Weise möglich:

- einwandfrei verdichteter Untergrund nach Tafel 3.1 bzw. 13.1,

- geeignete Tragschicht nach Tafel 3.2 bzw. 14.1,
- unbewehrte Betonplatte nach Tafel 3.4.

Vorausgesetzt wird hierbei, daß sowohl der Untergrund als auch die Tragschicht einwandfrei verdichtet sind und der Einbau der Betonplatte in geschlossener Halle erfolgt. Die Anordnung der erforderlichen Fugen ist nach Abschn. 3.5 erforderlich. Eine fachgerechte Ausführung ist in allen Fällen selbstverständlich.

Bei Lastpressungen von $p > 1{,}0\ N/mm^2$ bis $p \leq 2{,}0\ N/mm^2$ (z.B. Vollgummi oder Elastikreifen) ist die Dicke der Betonbodenplatte nach Tafel 3.5 entsprechend zu erhöhen, indem die Dicke mit dem Beiwert $k = \sqrt{p}$ multipliziert wird. Höhere Lastpressungen sind nicht mehr als übliche Beanspruchung zu betrachten (s. Abschn. 15.3).

Für Belastungen bis zu maximalen Einzellasten von 100 kN reicht bei einwandfreier Herstellung des Betonbodens die vorhandene Biegezugfestigkeit des Betons zur Aufnahme aller Beanspruchungen aus. Es ist keine Bewehrung erforderlich, so daß unbewehrte Betonplatten hergestellt werden können. Ein Beispiel soll diesen Sachverhalt durch eine Vergleichsrechnung verdeutlichen (Tafel 15.1).

Beispiel 7: Bewehrte oder unbewehrte Betonplatte

Eine 20 cm dicke Betonplatte mit zweilagiger Mattenbewehrung, wie sie in der Praxis üblich ist (Q 221 unten und oben), nimmt **rechnerisch** ein Biegemoment von 10 kNm auf (linke Seite der Tafel 15.1 für Zustand II mit gerissener Zugzone).

Eine Betonplatte B 35 ohne Bewehrung nimmt jedoch bei gleicher Dicke **tatsächlich** ein fast doppelt so großes Biegemoment von 19 kNm auf (rechte Seite der Tafel 15.1 für Zustand I mit nicht gerissenem Querschnitt).

Damit wird deutlich, daß eine übliche Bewehrung nicht zum Tragen kommt. Die tatsächliche Stahldehnung ist wesentlich geringer als die theoretisch angenommene Stahldehnung.

Um die Tragfähigkeit der Betonplatte durch Bewehrung zu erhöhen, darf nicht nach Zustand II bemessen werden, wenn die Betonplatte rißfrei bleiben soll. Für eine Rissefreiheit der Betonplatte darf die Bewehrung keine größere Dehnung als 0,1 ‰ erfahren.

Die zulässige Stahlspannung beträgt dabei

$$\text{zul}\ \sigma_s = \varepsilon_s \cdot E_s = 21\ N/mm^2$$

Der Querschnitt der erforderlichen Bewehrung würde mit dieser Stahlspannung mindestens betragen:

$$a_s = m / \sigma_s \cdot h = 20 \cdot 10/21 \cdot 0{,}17 = 56\ cm^2/m$$

Tafel 15.1: Tragfähigkeit von 20 cm dicken Betonplatten bei elastischer Bettung [nach Lohmeyer]

	Beton B 25 **mit** Bewehrung 2 Q 221 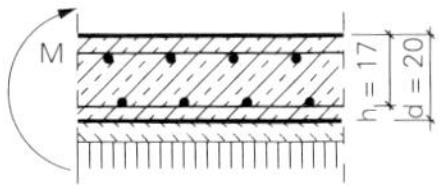 	Beton C 30/37 ≙ B 35 **ohne** Bewehrung 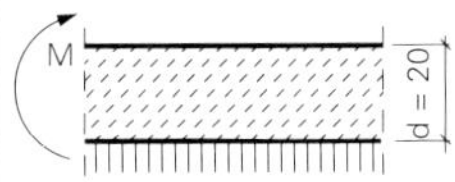
Bemessungs- art	Zustand II gerissene Zugzone	Zustand I nicht gerissener Querschnitt
	mechanischer Bewehrungsgrad $\omega_M = \frac{A_s}{b \cdot h} \cdot \frac{\beta_s}{\beta_R}$ $= \frac{2{,}21}{100 \cdot 17} \cdot \frac{500}{17{,}5} = 0{,}037$	Widerstandsmoment: $W_b = \frac{b \cdot d^2}{6}$ $= \frac{100 \cdot 20^2}{6} = 6\,667\ \text{cm}^3$
	bezogenes Moment $m_s = 0{,}02$ (Tafel 5a, Beton-Kalender)	zulässige Betonspannung $\sigma_{BZ} = \beta_{BZ}/\gamma$ $= 5{,}0/1{,}7$ (nach Tafel 15.2) $= 2{,}9\ \text{N/mm}^2$
Biege- momente	zulässiges Biegemoment für Bewehrung zul $M_s = m_s \cdot b \cdot h^2 \cdot \beta_R$ $= 0{,}02 \cdot 1{,}0 \cdot 0{,}17^2 \cdot 17{,}5$ $= 0{,}01$ MNm zul M_s = 10 kNm (zul M_b = 0)	zulässiges Biegemoment für Beton zul $M_b = \sigma_{BZ} \cdot W_b$ $= 2{,}9 \cdot 6\,667 \cdot 10^3$ $= 19{,}3 \cdot 10^6$ Nmm zul M_b = 19 kNm (zul M_s = 0)
Dehnungen	theoretische Stahldehnung $\varepsilon_s = \beta_s/\gamma \cdot E_s$ $= + 500/1{,}75 \cdot 210\,000$ $\varepsilon_s \approx 1{,}4\ ‰ > 0{,}1\ ‰$	zu erwartende Betondehnung $\varepsilon_B = \sigma_{BZ}/E_b$ $= \pm 2{,}9/34\,000 \approx \pm 0{,}08 \cdot 10^{-3}$ $e_B \approx 0{,}08\ ‰ < 0{,}1\ ‰$

Hierfür wäre zu wählen:

Betonstahl IV S Ø 28 mm, Abstand s = 11 cm

Diese Bewehrung wäre in jeder Richtung und in jeder Lage erforderlich. Das ergabe einen Stahlbedarf von 56 · 0,785 · 4 = 176 kg/m².

Es bedarf keiner weiteren Erläuterung, um folgendes zu erkennen:
Es gelingt nicht, die Tragfähigkeit einer Betonplatte durch Bewehrung zu erhöhen, wenn Risse vermieden werden müssen. Dieser Weg ist unsinnig. Besser geht es ohne Bewehrung durch Begrenzung der Betondehnung.

Außerdem ist es weder fachlich noch sachlich zu begründen, daß ein Schwerlastwagen, der mit hoher Geschwindigkeit auf unbewehrten Betonplatten einer Bundesautobahn fährt, beim Einbiegen auf das Gelände eines Industriebetriebs plötzlich eine bewehrte Betonbodenplatte unter den Rädern haben muß.

15.2 Bemessung eines Standard-Betonbodens

Gelegentlich müssen Lager- und Produktionshallen geplant werden, deren spätere Nutzung veränderbar sein soll oder noch gar nicht feststeht. Hierbei wird vom Bauherrn der Wunsch geäußert, daß der Betonboden „universell" oder „multifunktional" verwendbar sein soll. Dieser Wunsch kommt einer Maximalforderung gleich.

Für Maximalforderungen sind Optimierungen nicht möglich. Wenn Maximalforderungen ehrlich erfüllt werden sollen, ergeben sich sehr aufwendige und damit teure Konstruktionen. Das kann nicht wirtschaftlich sein.

15.2.1 Zielsetzung für einen Standard-Betonboden

Bei der Zielsetzung für einen Standard-Betonboden sollte folgendes berücksichtigt werden:

- ❑ Die Entscheidung muß für eine Standardkonstruktion fallen, die mit vernünftigem Aufwand herstellbar ist.
- ❑ Es müssen Angaben zu Grenzwerten der Beanspruchung gemacht werden, die nicht überschritten werden dürfen.
- ❑ Über diesen Standard hinausgehende Anforderungen sind Spezialfälle, für die es im Einzelfall angepaßte technische Lösungen gibt.

15.2.2 Anforderungen an einen Standard-Betonboden

Der Aufbau eines Standard-Betonbodens besteht wie bei Betonböden allgemein aus Baugrund, Tragschicht, Trennschicht und Betonplatte. Die Anforderungen an die einzelnen Schichten sind folgende:

❑ Baugrund	gleichmäßig tragfähig $E_{V2} \geq 45$ MN/m² (DIN 18 134 Plattendruckversuch) Ebenheit ≤ 3 cm auf 4 m Meßstrecke
❑ Kiestragschicht	gleichmäßig tragfähig Kies (Schotter) mit abgestufter Kornverteilung 0/32 mm oder 0/63 mm Tragschichtdicke 20 cm $E_{V2} \geq 100$ MN/m² (DIN 18 134 Plattendruckversuch) Oberfläche geschlossen Ebenheit ≤ 2 cm auf 4 m Meßstrecke
❑ Trennschicht	Kunststoffolie z.B. PE-Folie ≥ 0,2 mm

- Betonplatte unbewehrt aus B 35 mit $\beta_{BZ} \geq 5{,}0$ N/mm², w/z ≤ 0,50 (≈ 0,47)
  Plattendicke d = 20 cm
  Hartstoffschicht Gruppe A
  Oberfläche gescheibt oder geglättet
  Ebenheit ≤ 10 mm auf 4 m Meßstrecke
  (DIN 18 202 Zeile 4)
  Schleifverschleiß ≤ 12 cm³/50 cm²
  Scheinfugen Abstand L ≤ 6 m
  Raumfugen zur Trennung von anderen Bauteilen

15.2.3

Beanspruchbarkeit von Standard-Betonböden

Die Beanspruchbarkeit eines Standard-Betonbodens sollte auf folgende Werte begrenzt werden:

- Belastung
  maximale Einzellast
  (Radlast oder Regallast) Q ≤ 40 kN,
  z.B. Gabelstapler mit 7 t Gesamtgewicht
  oder Lkw 12 t Gesamtgewicht
  Kontaktpressung ≤ 0,6 N/mm² (≤ 6 bar, z.B. Luftreifen)
  Flächenpressung unter Regelprüfen p < 1 N/mm²
- Mechanische Beanspruchung
  Anzahl der Lastwechsel ≤ 100/Tag
  ohne ausgeprägten Verschleiß
  z.B. durch Schleifen oder Rollen
  bzw. Stoß oder Schlag
- Chemische Beanspruchung
  dauernd einwirkender starker chemischer Angriff entsprechend
  DIN 4030 z.B. durch saure Flüssigkeiten mit pH-Wert ≥ 4,5,
  durch sulfathaltige Flüssigkeiten mit ≤ 600 mg SO_4 je l
  bzw. bei HS-Zement ≤ 3 000 mg SO_4 je l,
  außerdem tierische oder pflanzliche Fette oder Öle
  sowie Mineralöle

15.3 Bemessung höher beanspruchter Betonböden

Bei Betonböden mit höheren Belastungen durch Einzellasten Q > 100 kN und/oder mit Lastpressungen auf der Betonplatte p > 2,0 N/mm² bis zu p ≤ 4,0 N/mm² ist eine Bemessung durchzuführen. Diese Betonböden können nicht mehr nach Abschnitt 15.1 als einfach beansprucht angesehen werden.

Die Bemessung für diese höher beanspruchten Betonböden ist jedoch unter bestimmten Voraussetzungen in vereinfachter Form durchführbar. Für diese Bemessung werden die nachstehenden Möglichkeiten aufgezeigt, wobei mindestens folgende Einflüsse abzuklären sind.

- Belastung Q ≤ 200 kN (s. Abschn. 2.1),
- Kontaktpressung p ≤ 4,0 N/mm²,

- Temperaturdifferenzen (s. Abschn. 2.2),
- Schwinden (s. Abschn. 2.3).

Die auftretenden Beanspruchungen kann der Beton aufnehmen, wenn er entsprechende Festigkeiten aufweist.

15.3.1 Betonfestigkeiten

Für hoch beanspruchte Betonböden sind im allgemeinen Betonplatten der Festigkeitsklasse B 35 erforderlich, bei besonderen Fällen ist B 45 nötig, bei geringen Beanspruchungen bis zu Einzellasten von 20 kN genügt B 25 (vgl. Tafel 3.4), sofern nicht die Verschleißbeanspruchung der Oberfläche eine höhere Festigkeit erfordert.

15.3.1.1 Druckfestigkeit

Ein Nachweis der Druckbeanspruchung ist bei Betonböden im allgemeinen nicht erforderlich. Insofern spielt bei Betonplatten die Druckfestigkeit des Betons eine untergeordnete Rolle.

Die Druckfestigkeit ist jedoch eine charakteristische Kenngröße des Betons. In den Normen ist die Zylinder- bzw. Würfeldruckfestigkeit als jener Festigkeitswert festgelegt, unter dem erwartungsgemäß nur 5 % der Grundgesamtheit aller möglichen Festigkeitsmessungen des Betons liegen. (Dieses ist die Definition nach Eurocode EC 2 [3], sinngemäß gilt das gleiche für DIN 1045.)

Festigkeitswerte für Beton B 35 nach DIN 1045 [1]:

- Mindestnennfestigkeit (Würfel 200 mm)
  $\beta_{WN} = 35 \text{ N/mm}^2$
- Mindestserienfestigkeit (Würfel 200 mm)
  $\beta_{WS} = 40 \text{ N/mm}^2$

Festigkeitswerte für Beton C 30/37 als 5 %-Quantil nach Eurocode EC 2 [3] und Euronorm EN 206 [2]:

- charakteristische Zylinderdruckfestigkeit (Zylinder 300/150 mm)
  $f_{ck,\,cyl} = 30 \text{ N/mm}^2$
- charakteristische Würfeldruckfestigkeit (Würfel 150 mm)
  $f_{ck,\,cube} = 37 \text{ N/mm}^2$

15.3.1.2 Biegezugfestigkeit

Betonplatten werden im wesentlichen auf Biegung beansprucht. Die Tragfähigkeit von unbewehrten Betonplatten ergibt sich aus der Biegezugfestigkeit des Betons und der Dicke der Betonplatte (s. Abschn. 15.3.3).

Die Biegezugfestigkeit des Betons ist daher eine wesentliche Eigenschaft, sie ist indirekt von der Druckfestigkeit abhängig. Betone mit hohen Druckfestigkeiten haben auch eine höhere Biegezugfestigkeit. Die Biegezugfestigkeit kann durch besondere Zuschläge gesteigert werden, z.B. durch rauhes Grobkorn (Splitt statt Kies) oder kleineres Größtkorn (22 mm statt 32 mm). In Tafel 3.4 sind folgende Biegezugfestigkeiten angegeben:

$\beta_{BZ} = 4{,}5\ \mathrm{N/mm^2}$ für den Bereich 1
$\beta_{BZ} = 5{,}0\ \mathrm{N/mm^2}$ 2 (Gl. 4)
$\beta_{BZ} = 5{,}5\ \mathrm{N/mm^2}$ 3
$\beta_{BZ} = 6{,}0\ \mathrm{N/mm^2}$ 4

Mit diesen Biegezugfestigkeiten kann bei der Bemessung unter Berücksichtigung entsprechender Sicherheitsbeiwerte gerechnet werden. Sofern in dieser Weise bemessen wird, ist die erforderliche Biegezugfestigkeit in der Leistungsbeschreibung zu vereinbaren und vor der Ausführung durch Eignungsprüfungen nach DIN 1048 nachzuweisen. Hierfür ist ein zeitlicher Vorlauf von mindestens fünf Wochen erforderlich. Bei der Bauausführung ist sicherzustellen, daß der Beton ohne Änderungen gegenüber der Eignungsprüfung eingebaut wird.

15.3.1.3

Längszugfestigkeit (axiale Zugfestigkeit)

Eine Zugbeanspruchung der Betonplatten in Längsrichtung kann z.B. dann entstehen, wenn sich Betonplatten verkürzen wollen, jedoch durch langfristig wirkende Belastungen daran behindert werden (s. Abschn. 15.2.5). Wichtig bei derartigen Beanspruchungen ist eine genügend große axiale Zugfestigkeit bzw. Längszugfestigkeit des Betons.

Die Längszugfestigkeit des Betons ist nur durch besonders aufwendige Versuche feststellbar. Man behilft sich damit, daß von der Biegezugfestigkeit ausgegangen wird, denn zwischen Biegezugfestigkeit und Längszugfestigkeit besteht eine Beziehung. Mit genügender Genauigkeit kann gesagt werden: Die Längszugfestigkeit ist etwa halb so groß wie die Biegezugfestigkeit:

$$\beta_{LZ} \approx 0{,}5\ \beta_{BZ} \qquad \text{(Gl. 5)}$$

Diese Beziehung zwischen beiden Zugspannungsarten hat den Vorteil, daß der alleinige Nachweis der Biegezugfestigkeit genügt.

15.3.1.3

Durchstanzfestigkeit (Schubfestigkeit)

Bei großen und sehr konzentriert wirkenden Einzellasten, die eine Kontaktpressung unter der Aufstandsfläche von $p > 2{,}0\ \mathrm{N/mm^2}$ bewirken, kann ein Nachweis auf Durchstanzen erforderlich werden.

Gegen Durchstanzen der Betonplatte kann bei der Bemessung die Durchstanzfestigkiet des Betons angesetzt werden, die als eine besondere Art der Schubfestigkeit aufgefaßt werden kann.

Sie steht in Beziehung zur Druckfestigkeit des Betons. Bei Prüfung der Druckfestigkeit an Zylindern β_C bzw. $f_{ck,cyl}$ kann die Beziehung nach Gleichung 6 hilfreich sein:

- geschätzte Durchstanzfestigkeit β_{St} für Beton C 30/37 (entsprechend B 35)

  $\beta_{St} \approx 0{,}7 \cdot 0{,}20 \cdot f_{ck,cyl}^{2/3} = 1{,}3 \text{ N/mm}^2$ (Gl. 6)

15.3.2

Zulässige Betonspannungen

Der Nachweis der zulässigen Beanspruchung von Betonplatten ist auf verschiedene Weise möglich. Es kann eine bestimmte Biegezugfestigkeit des Betons β_{BZ} festgelegt werden, die bei der Eignungsprüfung des Betons vor der Ausführung nachzuweisen ist. Das kann z.B. nach Tafel 3.4 mit Betonen entsprechend Tafel 5.3 erfolgen.

Das Verhältnis der Biegezugfestigkeit β_{BZ} zur insgesamt wirkenden Biegezugspannung σ_{BZ} ergibt den vorhandenen Sicherheitsbeiwert γ:

Sicherheitsbeiwert $\gamma = \beta_{BZ} / \sigma_{BZ}$ (Gl. 7)

Dieser Sicherheitsbeiwert γ kann frei festgelegt werden, muß aber alle vorhandenen Unsicherheiten abdecken. Der Sicherheitsbeiwert γ_Q für Lastspannungen σ_Q aus Einzellasten Q kann angenommen werden mit:

Sicherheitsbeiwert $\gamma_Q = 1{,}2$ (Gl. 8)

Andere Sicherheitsbeiwerte, die die Schwankungen bei der Betonherstellung abdecken oder Temperaturdifferenzen und Schwinden erfassen, sind in Tafel 15.2 angegeben. Aus diesen Teil-Sicherheitsbeiwerten ergibt sich durch Multiplizieren der Gesamt-Sicherheitsbeiwert ges γ.

Unter Berücksichtigung dieser Sicherheitsbeiwerte und ausgehend von einer entsprechenden Biegezugfestigkeit des Betons ergeben sich die jeweiligen zulässigen Biegezug- und Längszugspannungen.

Ausgehend von den Betonen der Tafel 3.4 wurde mit der Biegezugfestigkeit von 5,0 N/mm² für den Bereich 2 und 6,0 N/mm² für den Bereich 4 gerechnet. Zwischenwerte können eingeschaltet werden.

15.3.3

Punktförmig wirkende Einzellasten

Große Formänderungen können durch Einzel- und Radlasten entstehen, wobei drei nennenswerte Lastfälle zu berücksichtigen sind (Bild 15.1):

- Belastung in Plattenmitte,
- Belastung am Plattenrand,
- Belastung auf der Plattenecke.

Tafel 15.2: Beispiele für zulässige Biegezug- und Längsspannungen für den Beton B 35 bzw. C 30/37 mit nachzuweisender Biegezugfestigkeit, abhängig von der Ausführungsart beim Einbau des Betons in Hallen [Empfehlungen nach Lohmeyer]

Beanspruchung	Teil-Sicherheits-beiwert	Gesamt-Sicherheits-beiwert	zulässige Biegezugspannung zul σ_{BZ} bzw. Längszugspannung zul σ_{LZ} [3] **Bereich 2** Tafel 3.5 mit $\beta_{BZ} \geq 5{,}0$ N/mm²	 **Bereich 4** Tafel 3.5 mit $\beta_{BZ} \geq 6{,}0$ N/mm²
Ausführungsart N [1]				
Beton	$\gamma_b = 1{,}25$			
Belastung	$\gamma_Q = 1{,}2$	ges $\gamma = 2{,}3$	zul $\sigma_{BZ} = 2{,}2$ N/mm²	zul $\sigma_{BZ} = 2{,}6$ N/mm²
Temperatur	$\gamma_T = 1{,}3$		zul $\sigma_{LZ} = 1{,}1$ N/mm²	zul $\sigma_{LZ} = 1{,}3$ N/mm²
Schwinden	$\gamma_S = 1{,}2$			
Ausführungsart S [2]				
Beton	$\gamma_b = 1{,}2$			
Belastung	$\gamma_Q = 1{,}2$	ges $\gamma = 1{,}7$	zul $\sigma_{BZ} = 2{,}9$ N/mm²	zul $\sigma_{BZ} = 3{,}5$ N/mm²
Temperatur	$\gamma_T = 1{,}1$		zul $\sigma_{LZ} = 1{,}4$ N/mm²	zul $\sigma_{LZ} = 1{,}7$ N/mm²
Schwinden	$\gamma_S = 1{,}1$			

1) **Ausführungsart N** (normal):
gute Betonzusammensetzung; übliche Temperatureinwirkung beim Einbau des Betonbodens in offenen Hallen; Nachbehandlung entsprechend Richtlinie des DAfStb.

2) **Ausführungsart S** (speziell):
spezielle Betonzusammensetzung ($w \leq 165$ kg/m³); besonderer Schutz des Betons beim Einbau des Betonbodens in geschlossenen Hallen (Vermeiden schneller Oberflächenerwärmung und -austrocknung; Verhinderung direkter Sonneneinstrahlung sowie schnellen Abkühlens infolge Zugluft und Wind); sofort einsetzende Nachbehandlung, z.B. durch Aufsprühen eines Nachbehandlungsfilms und Abdeckung des Betons; doppelt lange Nachbehandlung gegenüber Richtlinie des DAfStb.
Die Ausführungsart S ermöglicht es, die Gefahr der Rißentstehung zu verringern und dadurch für die Beanspruchung der Betonplatte größere Spannungen anzusetzen.

3) Die Biegezugfestigkeiten von $\beta_{BZ} \geq 5{,}0$ N/mm² für Bereich 2 und $\beta_{BZ} \geq 6{,}0$ N/mm² für Bereich 4 der Tafel 3.4 sind vor der Ausführung durch Eignungsprüfungen nach DIN 1048 nachzuweisen. Zwischenwerte für die zulässigen Biegezug- und Längszugspannungen können interpoliert werden.

Bild 15.1: Verformung einer Platte unter der Verkehrslast Q

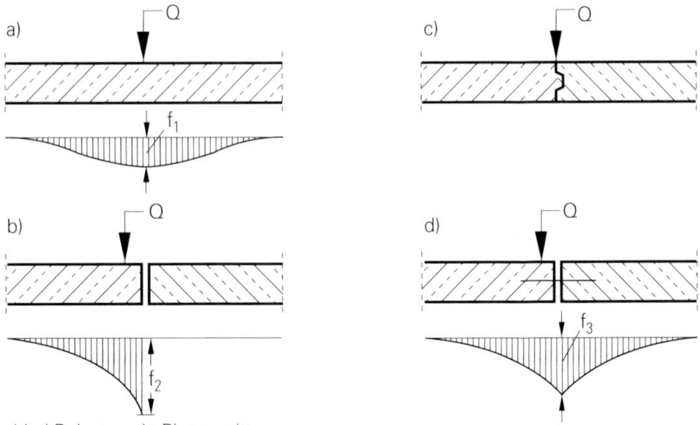

a) bei Belastung in Plattenmitte
b) bei Belastung am Plattenrand bzw. an der Fuge: $f_2 > 2f_1$
c) und d) bei Belastung am Plattenrand bei Fugen mit Nut und Feder oder mit Verdübelung: $f_3 \approx 2f_1$

Bei Straßen und Autobahnen ist die Häufigkeit der Lastwechsel durch Fahrzeuge größer als bei Industrieböden. Daher erfolgt bei öffentlichen Straßen eine Einstufung in Bauklassen in Abhängigkeit von der Anzahl der Fahrzeuge über 50 kN bzw. 5 t Nutzlast innerhalb von 24 Stunden.

Bei Produktions- und Lagerhallen ist die Häufigkeit der Lastwechsel zwar geringer, Radlasten oder andere Einzellasten (z.B. durch Regalfüße) können aber wesentlich größer sein und bis zu 200 kN bzw. 20 t betragen. Trotz weniger Lastwechsel und trotz geringerer Fahrgeschwindigkeit können die Verformungen in Betonbodenplatten größer sein als bei öffentlichen Betonstraßen. Bei Betonbodenplatten entsteht eine größere Biegezugbeanspruchung.

Der Einfluß der Last auf die Größe der Biegezugspannungen im Beton ist in etwa linear. Eine größere Plattendicke bringt einen erheblichen Spannungsabbau und mindert die Rißgefahr.

Für Biegezugspannungen an der Plattenunterseite ist der Lastfall „Belastung am Plattenrand" ungünstiger, er liefert etwa doppelt so große Formänderungen und Biegezugspannungen wie der Lastfall „Belastung in Plattenmitte". Er ist daher für die Bemessung maßgebend (Bild 15.1).

Die Biegezugspannungen an der Plattenoberseite sind bei „Belastung an der Plattenecke" etwa gleich groß wie an der Plattenunterseite bei „Belastung am Plattenrand". Es wird jedoch hierbei vorausgesetzt, daß in den Fugen eine Querkraftübertragung auf die Nachbarplatten durch Verzahnung oder Verdübelung möglich ist (Bild 15.1).

Betonplatten sind für alle auftretenden Last-, Temperatur- und Schwindspannungen zu bemessen, wenn sie dauerhaft funktionsfähig sein sollen.

Für die Bemessung sind verschiedene Verfahren entwickelt worden. Eine Auswertung des Verfahrens nach Westergaard [60] und Eisenmann [46] ist im Bemessungsdiagramm (Bild 15.2) wiedergegeben. Für eine als Einzellast wirkende Belastung Q ist die zugehörige Dicke der Betonbodenplatte abzulesen. Voraussetzungen für die Anwendung dieses Diagramms sind:

- ❏ geeignete Tragschicht nach Tafel 3.2 bzw. 14. 1,
- ❏ Untergrund und Tragschicht mit Verformungsmodul E_{v2} nach Tafel 13.1,
- ❏ Beanspruchung der Betonbodenplatte durch Belastungen mit Kontaktpressung max $p \leq 1{,}0$ N/mm², z.B. luftbereifte Fahrzeuge.

Für Lastpressungen von $p > 1{,}0$ N/mm² bis zu $p \leq 2{,}0$ N/mm² (z.B. Vollgummireifen) ist die Dicke der Betonplatte zu erhöhen, indem die nach Bild 15.2 erforderliche Dicke mit einem Beiwert $k_p = \sqrt{p}$ multipliziert wird.

Aus Bild 15.2 ist die Beziehung der Biegezugspannungen zueinander abzulesen:

$$2\sigma_{Qi} \approx \sigma_{Qr} \approx -\sigma_{Qe}$$

Bei der Ausführungsart S ist eine geringere Dicke der Bodenplatte zulässig als bei der Ausführungsart N (s. Abschn. 15.3.2). Zum Erreichen einer wirtschaftlichen und dauerhaften Konstruktion sollte sich jeder Bauherr veranlaßt sehen, die Ausführungsart S zu wählen. Dazu sind jedoch vor allem die günstigen Voraussetzungen für den Einbau des Betons in geschlossener Halle zu schaffen.

Beispiel 8: Erforderliche Dicken von Betonplatten

Ein Betonboden soll aus Beton B 35 mit einer Biegezugfestigkeit von $\beta_{BZ} = 5{,}0$ N/mm² in der Ausführungsart N hergestellt werden. Nach Tafel 15.2 ist die zulässige Biegezugspannung auf $\sigma_{BZ} = 2{,}2$ N/mm² bzw. 2,9 N/mm² zu begrenzen (s. Abschn. 15.3.2).

Sofern keine anderen Beanspruchungen wirken, z.B. Temperaturspannungen sowie Längszugbeanspruchung durch konstruktiv gewählte oder unkontrollierbare Einspannungen der Platte bzw. durch langfristig flächig wirkende Lasten, sind nach Bild 15.2 folgende Plattendicken ausreichend:

erf d = 16 cm für max Q = 22 kN
erf d = 18 cm für max Q = 28 kN
erf d = 20 cm für max Q = 36 kN
erf d = 22 cm für max Q = 44 kN

Bild 15.2: Biegezugspannungen σ_{BZ} in Betonbodenplatten bei verschiedenen Belastungen und Plattendicken (nach Westergaard/ Eisenmann [46])

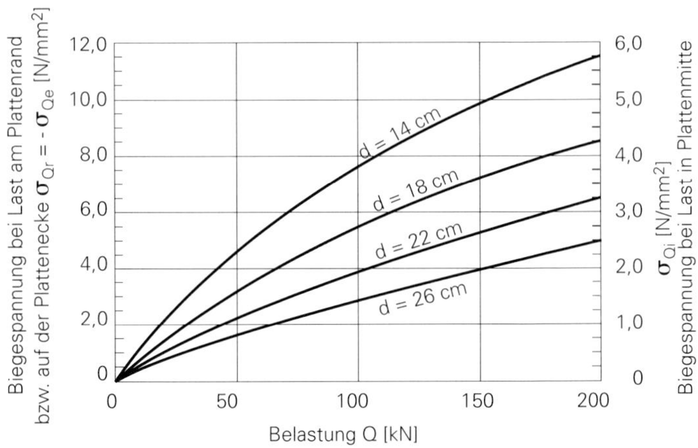

Zur Überlagerung von Spannungen aus Biege- und Längszugbeanspruchung siehe Abschnitt 15.3.5.

Beispiel 9: Ausnutzung der Biegezugspannung

Ein Betonboden wird durch punktförmig wirkende Einzellasten von Q = 60 kN belastet. Gewählt wird eine 22 cm dicke Betonplatte aus Beton B 35 mit einer zulässigen Biegezugspannung von 2,9 N/mm² für die Ausführungsart S nach Abschn. 15.3.2.

Die vorhandene Biegezugspannung bei Laststellung auf der Platten ecke beträgt 2,5 N/mm², diejenige bei Laststellung in Plattenmitte beträgt 1,25 N/mm².

15.3.4

Lasten von Gabelstaplern

Bei Gabelstaplern belasten zwei nebeneinander rollende Radlasten den Betonboden. Die Wirkungen beider Radlasten überlagern sich. Von Bercea [39] wurde ein Bemessungsverfahren entwickelt, dessen Auswertung im Bemessungsdiagramm (Bild 15.3) zusammengefaßt ist. Für Gabelstapler-Regelfahrzeuge (nach DIN 1055, entsprechend Tafel 2.2) können die zugehörigen maximalen Biegemomente m in kNm/m angegeben werden. Erforderlich hierzu sind die elastische Länge l_e und der Beiwert α.

$$\text{Elastische Länge } l_e = \sqrt[4]{\frac{E_b \cdot d^3}{12 \cdot k_s}} \text{ in mm} \qquad \text{(Gl. 9)}$$

$$\text{Beiwert } \alpha = \frac{0{,}2 + d}{l_e \cdot \sqrt{\pi}} \qquad \text{(Gl. 10)}$$

Hierbei sind:
E_b = Elastizitätsmodul des Betons in MN/m² (oder N/mm²)
d = Dicke der Betonplatte in m
k_s = 50 MN/m³ = Bettungszahl des Unterbaues (Abschn. 14.1)

Beispiel 10: Biegebeanspruchung einer Betonplatte bei Gabelstaplerbelastung

Für eine 22 cm dicke Betonplatte aus B 35 mit einem Elastizitätsmodul E_b = 34 000 MN/m² wird für Gabelstapler 13,0 t mit Radlasten Q = 60,0 kN das Biegemoment ermittelt.

$$\text{Elastische Länge } l_e = \sqrt[4]{\frac{E_b \cdot d^3}{12 \cdot k_s}} = = \sqrt[4]{\frac{34\,000 \cdot 0{,}22^3}{12 \cdot 50}} = 0{,}88 \text{ m}$$

$$\text{Beiwert } \alpha = \frac{0{,}2 + d}{l_e \cdot \sqrt{\pi}} = \frac{0{,}2 + 0{,}22}{0{,}88 \cdot \sqrt{\pi}} = 0{,}27$$

Biegemoment m = 12,8 kNm/m aus Bild 15.3

Die Biegezugspannung infolge Gabelstapler-Belastung wird über das Widerstandsmoment berechnet.

$$\text{Biegezugspannung } \sigma_Q = \frac{m}{w} = \frac{m}{d^2/6} = \frac{12{,}8 \cdot 10^{-3}}{0{,}22^2/6} \qquad \text{(Gl. 11)}$$

$$= 1{,}6 \text{ MN/m}^2 = 1{,}6 \text{ N/mm}^2$$

zul. Biegezugspannung zul σ_{BZ} = 2,2 N/mm² > σ_Q (s. Tafel 15.2)

15.3.5

Flächig wirkende Lasten

Zusätzlich zu den punktförmig wirkenden Lasten können flächig verteilte und langfristig wirkende Lasten weitere Spannungen hervorrufen. Es entstehen hierdurch zwar keine wesentlichen Biegespannungen, wohl aber Zugspannungen, wenn eine Verkürzung durch Reibungskräfte zwischen Betonplatte und Tragschicht behindert wird. Solche Zugspannungen können entstehen bei gleichmäßiger Abkühlung oder infolge gleichmäßigen Schwindens. Die Zugspannungen werden um so größer sein, je größer die Belastung und je größer der Reibungsbeiwert ist. Der Reibungsbeiwert liegt je nach Rauhigkeit des Untergrundes ohne Gleitfolie bei μ = 0,9 bis 2,1 für die erste Verschiebung und bei μ = 0,6 bis 1,5 bei wiederholten Verschiebungen. Damit eine ausreichende Querkraftübertragung in der Fuge erhalten bleibt, sollte die Bewegung in unverdübelten Scheinfugen möglichst klein sein und 2 mm nicht überschreiten.

Bei der Annahme, daß der Längenänderung jedoch die Reibungskraft voll entgegenwirkt, entstehen Längszugspannungen σ_{LZ} in der Beton-

Bild 15.3: Maximale Biegemomente m für Betonplatten auf elastischer Bettung bei Gabelstapler-Belastung [nach Bercea [39]]

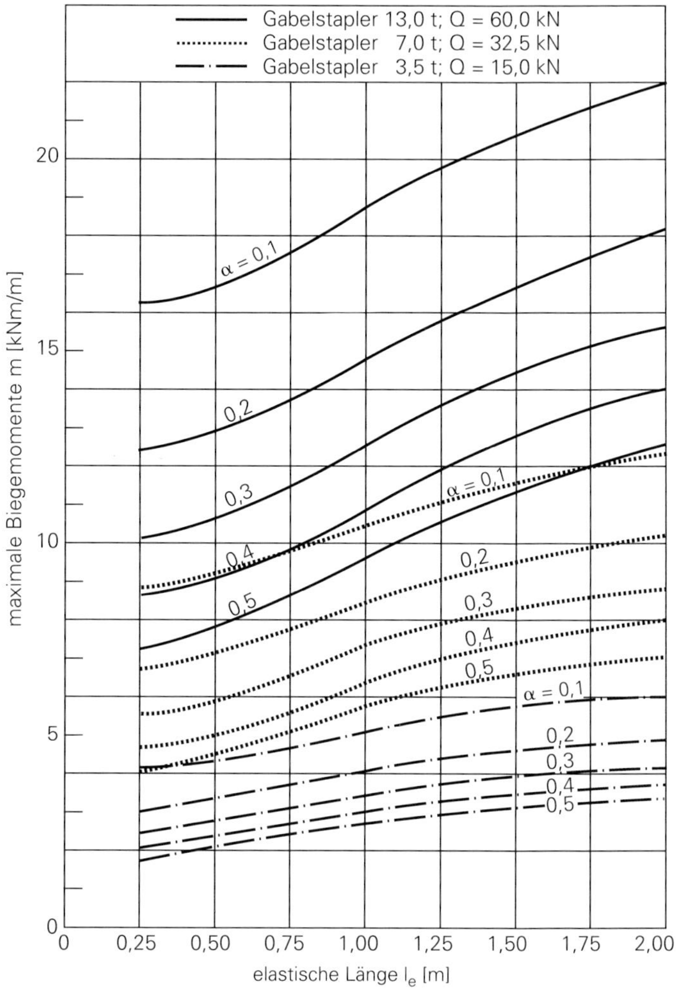

platte, die auf folgende Weise zu berechnen sind:

$$\sigma_{LZ} = \frac{p \cdot \mu \cdot L/2}{b \cdot d} \cdot 10^{-3} \quad \text{in N/mm}^2 \qquad \text{(Gl. 12)}$$

Hierbei sind:

p Belastung des Betonbodens durch flächig verteilte, langfristig wirkende Lasten in kN/m

μ Reibungsbeiwert nach Tafel 15.3

L Plattenlänge von Fuge zu Fuge in m

b Plattenbreite in m

d Plattendicke in m

Diese Längszugspannungen würden nicht entstehen, wenn sich die Betonplatte frei verformen könnte. Durch die Reibung auf dem Untergrund entsteht jedoch Zwang.

Beispiel 11: Berechnung der Längszugspannung

Für eine 20 cm dicke Betonplatte auf einer Kiestragschicht mit einem Fugenabstand von L = 5,0 m, die durch eine langfristig wirkende Last von p = 15 kN/m² beansprucht wird, erhält man folgende Längszugspannung:

$$\sigma_{LZ} = \frac{p \cdot \mu \cdot L/2 \cdot b}{b \cdot d} \cdot 10^{-3} = \frac{15 \cdot (1{,}4 \cdots 2{,}1) \cdot 5{,}0/2}{0{,}2} \cdot 10^{-3}$$

$$= 0{,}26 \cdots 0{,}39 \text{ N/mm}^2$$

Diese Längszugspannung ist noch vernachlässigbar gering, wird jedoch mit wachsender Belastung und bei größerer Plattenlänge durchaus bedeutsam.

Tafel 15.3: Anhaltswerte von Reibungsbeiwerten μ (DAfStb-Richtlinie) [35]

Untergrund	Gleitschicht	erste Verschiebung	wiederholte Verschiebung
Mineralgemisch (Kies)	keine	1,4 ... 2,1	1,3 ... 1,5
Sandbett	keine	0,9 ... 1,1	0,6 ... 0,8
Unterbeton	2 Lagen PE-Folie	0,6 ... 1,0	0,3 ... 0,75
Unterbeton	PTFE-beschichtete Folie	0,2 ... 0,5	0,2 ... 0,3

Für den Untergrund sind erhöhte Anforderungen nach DIN 18 202 bezüglich der Ebenheit einzuhalten (s. Tafel 8.2).

Aus der Gleichung 12 ist zu folgern, daß bei unbewehrten Platten mit hohen Belastungen besonders große Plattenlängen zu vermeiden und/oder Gleitfolien zur Verringerung der Reibungskraft zwischen Tragschicht und Betonplatte zu verwenden sind.

Infolge der Eigenlast einer Betonplatte entstehen Zugspannungen in der Größe von

$$\sigma_{LZ} = 0{,}01\, L \qquad \text{in N/mm}^2 \qquad \text{mit L in m,} \qquad \text{(Gl. 13)}$$

wobei mit einer Rohdichte des Betons von ρ = 2400 kg/m³ und mit einem Reibungsbeiwert von μ = 0,8 gerechnet wurde.

Bei Beanspruchung eines Querschnitts durch Biegung und gleichzeitig wirkenden Längszug kann der Nachweis einer Vergleichsspannung

σ_v durch Überlagerung der Längszug- und Biegezugspannung erfolgen. Da das Verhältnis der Biegezugfestigkeit zur Längszugfestigkeit $\beta_{BZ} : \beta_{LZ} = 2 : 1$ ist, muß hierbei die Längszugspannung mit dem Beiwert $k_N = 2{,}0$ multipliziert werden (s. Abschn. 15.3.1.2 und Beispiel 9).

Spannungsnachweis:

$$\sigma_v = \frac{k_N \cdot N_u}{A_o} + \frac{M_u}{W_o} \leq \beta_{BZ}/\gamma \qquad \text{(Gl. 14)}$$

Hierbei sind:

k_N = 2,0 für Zugkraft N_u
N_u = im Querschnitt A_o wirkende Längszugkraft im rechnerischen Bruchzustand
M_u = im gleichen Querschnitt wirkendes Biegemoment im rechnerischen Bruchzustand
A_o = Querschnittsfläche der Betonplatte
W_o = Widerstandsmoment der Betonplatte
β_{BZ} = Biegezugfestigkeit nach Abschnitt 15.3.1.2
γ = Sicherheitsbeiwert nach Tafel 15.2

Beispiel 12: Berechnung der Vergleichsspannung aus gleichseitig wirkender Längszug- und Biegezugbeanspruchung

Bei einer 20 cm dicken Betonplatte entsteht je Meter Plattenbreite durch Gabelstapler-Belastung ein Biegemoment von $M_u = 12$ kNm und bei Abkühlung eine Längszugkraft aus dauernd wirkender Belastung und Reibung auf dem Untergrund von $N_u = 80$ kN.

Die Biegezugfestigkeit beträgt $\beta_{BZ} = 5{,}0$ N/mm², der Sicherheitsbeiwert wird für die Ausführungsart S mit $\gamma = 1{,}7$ angenommen (s. Tafel 15.2).

Zulässige Biegezugspannung:

$$\text{zul } \sigma_{BZ} = \beta_{BZ}/\gamma = 5{,}00 / 1{,}7 = 2{,}9 \text{ N/mm}^2$$

Spannungsnachweis:

$$\sigma_v = \frac{k_N \cdot N_u}{A_o} + \frac{M_u}{W_o} \leq \text{zul } \sigma_{BZ}$$

$$= \frac{2{,}0 \cdot 80}{20 \cdot 100} + \frac{1200}{20^2 \cdot 100/6} = 0{,}08 + 0{,}18 = 0{,}26 \text{ kN/cm}^2$$

$$\sigma_v = 2{,}6 \text{ N/mm}^2 < \text{zul } \sigma_{BZ} = 2{,}9 \text{ N/mm}^2$$

Temperatur-
differenzen

Temperaturdifferenzen können erhebliche Zugspannungen in der Betonplatte bewirken.

Besonders kritisch sind Temperaturdifferenzen durch Abkühlen der Betonoberfläche während der Betonerhärtung. Die hierdurch entstehenden Temperaturverkürzungen des Betons können mehrfach größer sein als durch Schwinden des Betons zu diesem frühen Zeitpunkt.

Das Temperaturverhalten des Betons wird gekennzeichnet durch die Temperaturdehnzahl α_T. Sie wird in DIN 1045 für den erhärteten Beton angegeben mit

$$\alpha_T = \pm 10^{-5}\ K^{-1} = \pm 0{,}01\ mm/m \cdot K \qquad \text{(Gl. 15)}$$

In der „Richtlinie für Betonbau beim Umgang mit wassergefährdenden Stoffen“ [35] ist ein Bemessungsverfahren genannt, welches auch für Betonböden im Industriebau angewendet werden kann. In diesem Zusammenhang wird auf eine nähere Darstellung verzichtet [35, 51].

Gleichmäßiges
Abkühlen und
Erwärmen

Das gleichmäßige Erwärmen einer Betonplatte, wie es z.B. beim langsamen Aufheizen einer Halle geschieht, ist unbedeutend und kann im allgemeinen unberücksichtigt bleiben. Beim Erwärmen entstehen Betondruckspannungen, wenn die Ausdehnung der Platte behindert wird (Bild 15.4). Der Beton nimmt diese Spannungen auf. Biegezugspannungen aus Verkehrslast werden hierdurch abgebaut.

Zu berücksichtigen ist jedoch, daß sich die Längenänderungen der Betonplatte auf die Randfugen an den aufgehenden Bauteilen auswirkt. Wenn diese Randfugen die Längenänderung der Betonplatte nicht aufnehmen können, entstehen horizontal gerichtete Kräfte auf diese Bauteile. Um diese Kräfte zu vermeiden, müssen Randfugen ausreichend breit sein.

Beispiel 13: Längen-
änderung beim Erwär-
men einer Betonplatte

In einer 40 m langen Halle sind innerhalb der Fläche keine Raumfugen vorgesehen. Die Halle wird bei +5 °C betoniert, die Nutzungstemperatur liegt bei +20 °C.

$$\text{Längenänderung } \Delta L_T = \alpha_T \cdot \Delta T \cdot L \qquad \text{(Gl. 16)}$$

$$\Delta L_T = 10^{-5} \cdot (20 - 5) \cdot 40 = 0{,}006\ m = 6\ mm$$

Auf jede Randfuge wirkt sich bei gleichmäßiger Bewegung die Längenänderung mit 3 mm aus.

Bei fehlenden Randfugen und vollständiger Behinderung des Ausdehnungsbestrebens der vorgenannten Betonplatte aus Beton B 35 mit einem Elastizitätsmodul von $E_b = 34\,000$ N/mm² entstehen Druckspannungen an der Betonplatte:

$$\sigma_T = \alpha_T \cdot \Delta T \cdot E_b \qquad \text{(Gl. 17)}$$
$$= 10^{-5} \cdot (20 - 5) \cdot 34\,000 = 5{,}1 \text{ N/mm}^2$$

Diese Druckspannung spielt für die Beanspruchung der Betonplatte keine Rolle. Es ergibt sich bei einer 20 cm dicken Betonplatte eine Längsdruckkraft je 1 m Plattenbreite von

$$N_T = \sigma_T \cdot A \qquad \text{(Gl. 18)}$$
$$= 5{,}1 \cdot 0{,}20 \cdot 1{,}00 = 1{,}02 \text{ MN}$$

Diese Druckkraft wirkt sich bei fehlenden Raumfugen auf Bauteile aus, die an die Betonplatte angrenzen. Wände können verschoben werden.

Das gleichmäßige Abkühlen führt zum Verkürzen der Platten, vorhandene Schein- und Preßfugen werden sich öffnen. Dieser Verkürzung wird jedoch die Reibungskraft zwischen Platte und Untergrund entgegenwirken.

Die Größe der entstehenden Längszugspannungen zeigte Beispiel 12, das Ausmaß der möglichen Fugenerweiterung wird im nächsten Beispiel verdeutlicht.

Bild 15.4: Bewegung der Betonplatten bei Temperaturänderungen

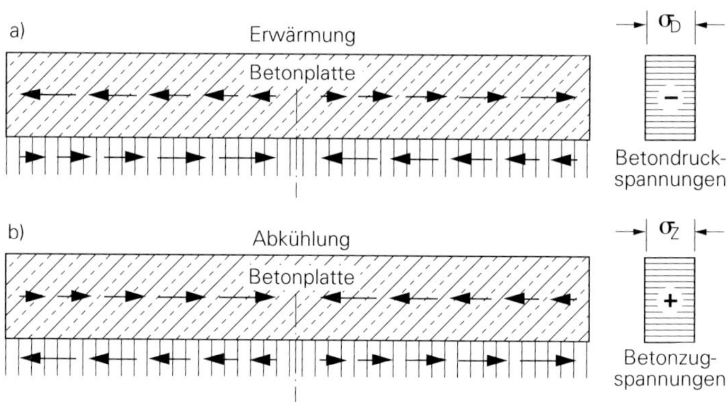

a) Erwärmung: Bei Behinderung der Ausdehnung des Betons durch Reibung entstehen Betondruckspannungen.

b) Abkühlung:
Wenn das Verkürzen durch Reibung behindert wird, entstehen Betonzugspannungen.

Beispiel 14: Berechnung der Fugenerweiterung durch Abkühlung

Bei einer Temperaturdifferenz von $\Delta T = 35$ K (Einbau bei +15 °C, Winter bei -20 °C) und einem Fugenabstand von L = 5 m erhält man mit einer Temperaturdehnzahl $\alpha_T = 10^{-5}\ K^{-1}$ unter Vernachlässigung der Reibungskraft eine Fugenerweiterung von:

$$\Delta L_T = \alpha_T \cdot \Delta T \cdot L = 10^{-5} \cdot 35 \cdot 5\,000 = 1{,}8 \text{ mm}$$

Diese Erweiterung der Fuge ist bei unverdübelten Scheinfugen oder Preßfugen mit geringer Lastwechselzahl und niedrigen Belastungen vertretbar. Bei größeren Beanspruchungen sind für die Querkraftübertragung Dübel vorzusehen (s. Abschnitt 3.5.6).

Wärmeentwicklung beim Erhärten des Betons

Beim Erhärten des Betons wird Wärme entwickelt; es entsteht infolge der chemischen Reaktion des Zements mit dem Wasser die sogenannte Hydratationswärme. Die Wärmeentwicklung ist bei sonst gleichen Verhältnissen um so größer, je mehr Zement verwendet wird und je höher die Zementfestigkeit ist. Die Berechnung des max. Temperaturanstiegs T_H durch Hydratation des Zements kann nach folgender Formel erfolgen:

$$\max T_H = \frac{z \cdot H}{Q_b} \text{ in K} \qquad \text{(Gl. 19)}$$

Hierbei sind:

- z Zementgehalt in kg je m^3 Beton
- H Hydratationswärme des Zements in kJ/kg
- Q_b Wärmekapazität des Betons
  $Q_b = 2\,500$ kJ/ $(m^3 \cdot K)$

Beispiel 15: Temperaturanstieg durch Hydratationswärme

Bei einem Beton mit einem Zementgehalt von 310 kg CEM 32,5 R je m^3 Beton mit einer Hydratationswärme von H = 300 kJ/kg beträgt der theoretische Temperaturanstieg:

$$\Delta T_{H,th} = \frac{z \cdot H}{Q_b} = \frac{310 \cdot 300}{2\,500} = 37 \text{ K}$$

Der tatsächlich stattfindende, maximale Temperaturanstieg wird jedoch bei Betonplatten geringer sein, da schon während des Temperaturanstiegs eine Wärmeabgabe an der Oberfläche stattfindet und z.T. auch an der Unterseite. Er wird nur etwa 60 % betragen.

Ungleichmäßiges Abkühlen oder Erwärmen

Ein ungleichmäßiges Abkühlen oder Erwärmen ist wesentlich ungünstiger als eine gleichmäßige Temperaturänderung. Da diese Vorgänge zu Verwölbungen der Betonplatte führen können und somit Biegespannungen bewirken, sollen diese Vorgänge nachfolgend näher dargestellt werden.

Das Temperaturmaximum wird bei Betonplatten etwa 12 bis 36 Stunden nach der Herstellung des Betons eintreten (Bild 15.5). Da das Erwärmen des Betons im zum Teil noch plastischen Zustand erfolgt und außerdem nur Druckspannungen erzeugen kann, ist es für die Betonplatte ohne große Bedeutung. Sehr entscheidend ist jedoch das nachfolgende Abkühlen, da es an der Oberfläche intensiver erfolgt als in tieferen Bereichen der Betonplatte. Die hierdurch entstehenden Temperaturdifferenzen bewirken Temperaturspannungen, die die bis dahin noch geringe Zugfestigkeit des Betons erreichen können (Bild 15.6).

Es wurde in umfangreichen Versuchen die praktische Erfahrung bestätigt, daß bereits Temperaturdifferenzen zwischen dem Inneren und der Oberfläche eines Betonbauteils von mehr als 15 Kelvin im erhärtenden Beton zu Rissen führen können [54].

Temperaturspannungen durch Erwärmen von oben

Während des späteren Gebrauchs wird eine im Freien liegende Betonplatte stetigen Temperaturänderungen ausgesetzt. Im Sommer wird außer einem gleichmäßigen auch ein ungleichmäßiges Erwärmen durch Sonneneinstrahlung stattfinden. Es entsteht dabei eineTemperaturverteilung entsprechend Bild 15.7. Man kann damit rechnen, daß die Temperaturdifferenz bei Sonneneinstrahlung und Windstille maximal 0,9 Kelvin je 1 cm Tiefe beträgt [46]:

$$\Delta T' = 0,9 \text{ K/cm} \qquad \text{(Gl. 20)}$$

Die Platte wird eine Formänderung erfahren, sie wird sich im mittleren Bereich aufwölben. Dieser Aufwölbung wirkt die Eigenlast der Platte entgegen. Von einer bestimmten Plattenlänge an wird die Platte in der Mitte wieder aufliegen. Die Länge wird als kritische Länge l_{krit} bezeich-

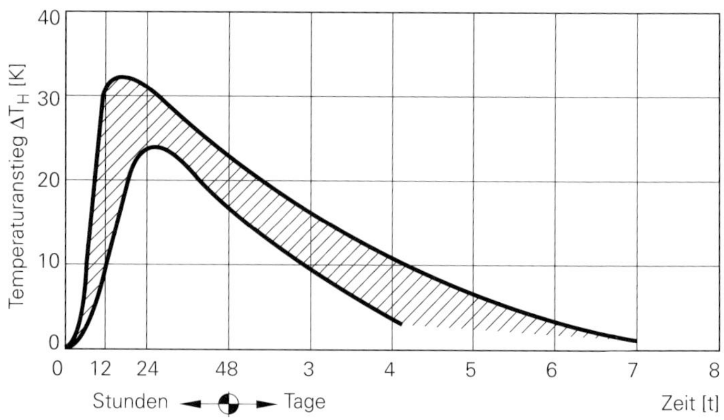

Bild 15.5: Abhängig von der Zementart, dem Zementgehalt und der Bauteildicke wird der Beton durch Hydratationswärme erwärmt.

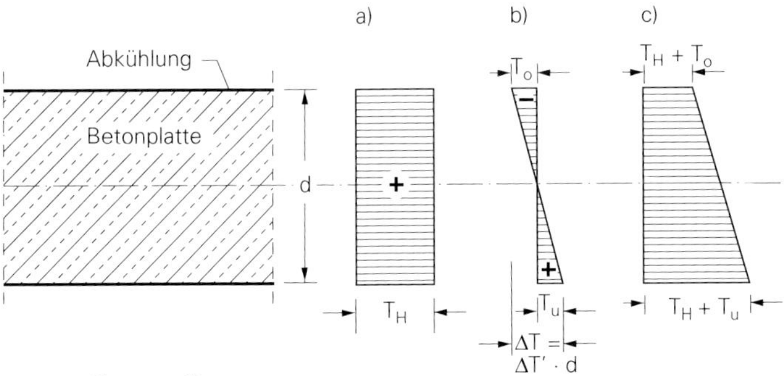

Bild 15.6: Betonplatte bei Abkühlung

$$\sigma_{(T_H)} = -E_b \cdot \alpha_T \cdot T_H$$

$$\sigma_{(T_H)} \approx -\frac{1}{3}\, T_H \ [N/mm^2]$$

$$\left.\begin{matrix}\sigma_{o(\Delta T)}\\ \sigma_{u(\Delta T)}\end{matrix}\right\} = \pm E_b \cdot \alpha_T \cdot \frac{\Delta T}{2}$$

mit α_T nach Gl.15
$\Delta T'$ nach Gl.27

$$\sigma_{o(\Delta T)} \sim \frac{1}{6}\, \Delta T \ [N/mm^2]$$

a) Temperaturverteilung bei gleichmäßiger Erwärmung durch Hydratation
b) Temperaturverteilung bei Abkühlung von oben
c) gesamte Temperaturverteilung

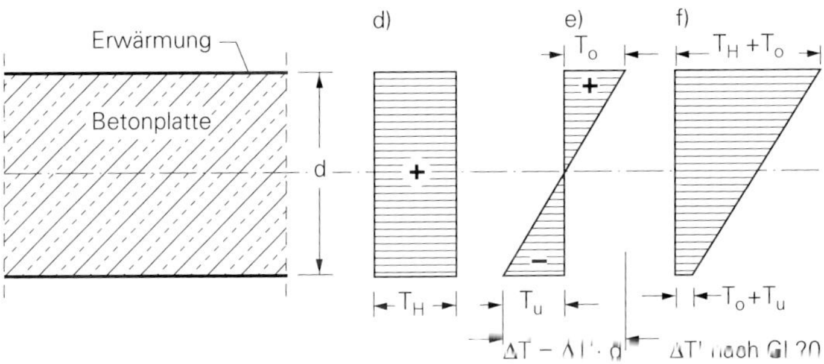

Bild 15.7: Betonplatte bei Erwärmung

d) gleichmäßige Temperaturverteilung bei Erwärmung durch Sonnenstrahlung
e) ungleichmäßige Temperaturverteilung
f) gesamte Temperaturverteilung

net, die Biegespannungen sind hierbei am größten. Das Verformungsbild und der Spannungsverlauf sind also abhängig von der Plattenlänge (Bild 15.8). Es sollte daher die tatsächliche Plattenlänge nicht im Bereich der kritischen Länge liegen, da hier die Wölbspannungen am größten sind (Bild 15.8):

$$L < 0,9\, l_{krit} \qquad \text{oder} \qquad L > 1,1\, l_{krit} \qquad \text{(Gl. 21)}$$

Bei Plattenlängen $L < 0,9\, l_{krit}$ kann mit einer reduzierten Spannung gerechnet werden, da die Biegezugspannung an der Plattenunterseite einen

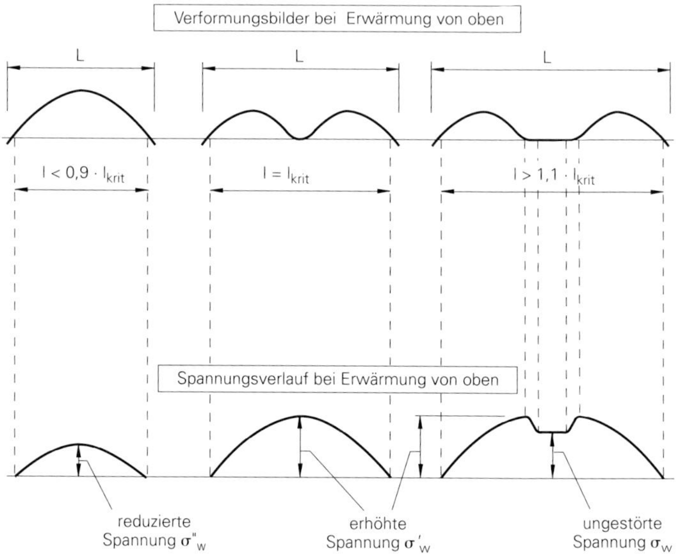

Bild 15.8: Verformungen und Spannungen bei Erwärmung von oben in Abhängigkeit von der Plattenlänge L

geringeren Wert erreicht. Die kritische Länge ist bei quadratischen oder ähnlichen Platten mit $L/b \leq 1{,}25$ gleich der 37fachen Plattendicke [46]:

$$l_{krit} \approx 37\ d \text{ für quadratische Platten} \qquad \text{(Gl. 22)}$$

Bei rechteckigen Platten mit $L/b > 1{,}25$ beträgt die kritische Länge:

$$l_{krit} \approx 33\ d \text{ für rechteckige Platten} \qquad \text{(Gl. 23)}$$

Für normale Verhältnisse kann eine zugehörige Auflagerlänge angenommen werden. Dadurch verkürzt sich die Plattenlänge L (= Fugenabstand L) auf die rechnerische Länge l für die Gleichung 21 (Tafel 15.3) um etwa 40 cm [46]:

$$l = L - 0{,}40 \qquad \text{(Gl. 24)}$$

Abhängig von der Plattenlänge bzw. dem Fugenabstand L im Verhältnis zur Plattenbreite b und abhängig von der Plattendicke d erhält man die Größe der Wölbspannungen entsprechend der Übersicht in Tafel 15.3.

Die nachfolgenden Beispiele sollen zeigen, in welcher Größenordnung die Wölbspannungen entstehen können. Sie sind erforderlichenfalls mit Lastspannungen und Schwindspannungen zu überlagem. Die Sicherheitsbeiwerte und zulässigen Spannungen der Tafel 15.2 sind bei auftretenden Wölbspannungen nicht anwendbar.

Beispiel 16: Temperaturspannung bei einer kurzen Betonplatte durch Erwärmen von oben

Bei einer annähernd quadratischen Betonplatte mit einem Fugenabstand von L = 5,00 m und b = 4,50 m sowie einer Plattendicke von d = 18 cm entsteht folgende Wölbspannung durch Erwärmen von oben:
L/b = 5,00/4,50 = 1,11 < 1,25
L/d = 5,00/0,18 = 27,8; es ist also L < 34 d

$$\text{Wölbspannung } \sigma_w = 0{,}015 \frac{(L - 0{,}4)^2}{d} = 0{,}015 \frac{(5{,}0 - 0{,}4)^2}{0{,}18} \quad \text{(Gl. 25)}$$

$$= 1{,}8 \text{ N/mm}^2$$

Beispiel 17: Temperaturspannung in einer langen Betonplatte durch Erwärmen von oben

Bei einer rechteckigen Betonplatte mit einem Fugenabstand von L 15,00 m und b = 4,50 m sowie einer Plattendicke von d = 18 cm wird folgende Wölbspannung entstehen:

L/d = 15,00/0,18 = 83,3, es ist also L > 37 d

$$\text{Wölbspannung } \sigma_w = 16{,}3\, d = 16{,}3 \cdot 0{,}18 = 2{,}9 \text{ N/mm}^2 \quad \text{(Gl. 27)}$$

Diese Wölbspannung zehrt die zulässige Biegezugspannung zul σ_{BZ} nach Tafel 15.2 allein auf. Für Lastspannungen σ_Q bzw. σ_V und Schwindspannungen σ_S bei behinderter Verformung stehen Reserven nur dann zur Verfügung, wenn mit einer größeren Festigkeit des Betons als B 35 gearbeitet wird.

Zu bedenken ist außerdem, daß infolge der Verwölbungen der Betonplatte auch die darunterliegende Tragschicht verformt wird, so daß schließlich die Betonplatte im Fugenbereich hohl liegt und bei Ver-

Tafel 15.3: Wölbspannungen σ_w durch Temperaturdifferenzen infolge Erwärmen von oben bei Platten im Freien [16]

Wölbspannungen σ_w bei quadratischen Platten L/b ≤ 1, 25	Wölbspannungen σ_w bei rechteckigen Platten L/b > 1,25
mit max L ≤ 34 d: $\sigma_w = 0{,}015 \frac{(L - 0{,}4)^2}{d}$ (Gl. 25)	mit max L ≤ 30 d: $\sigma_w = 0{,}019 \frac{(L - 0{,}4)^2}{d}$ (Gl. 28)
mit min L ≥ 41 d:	mit min L ≥ 37 d:
$\sigma_w = 16{,}3\, d$ (Gl. 27)	

σ_w in N/mm² bzw. MN/m², L und d in m

kehrsbeanspruchung die typischen Pumperscheinung auftreten können (Bild 15.9).

Temperaturspannungen durch Abkühlen von oben

Platten im Freien werden im Winter oder aber in der Nacht von oben her abgekühlt. Ähnlich ergeht es Platten in beheizten Hallen, die im Bereich von Toröffnungen liegen. Das Temperaturgefälle ist bei diesem Vorgang nur halb so groß wie bei einer Erwärmung, es beträgt maximal

$$\Delta T' = 0{,}45 \text{ K/cm} \qquad \text{(Gl. 28)}$$

Damit ist auch das Verformungsbestreben beim Abkühlen nur halb so groß wie beim Erwärmen des Betons [46]. Die Verformung zeigt sich in einem Aufwölben der Plattenenden. Eine gleiche Verformungsart bewirkt z.T. das Schwinden des Betons, beide Vorgänge können sich überlagern.

15.3.7

Schwinden

Das Schwinden des Betons ist ein über Jahre dauernder Vorgang. Unter Schwinden wird die Verkürzung des Betons während des Austrocknens verstanden.

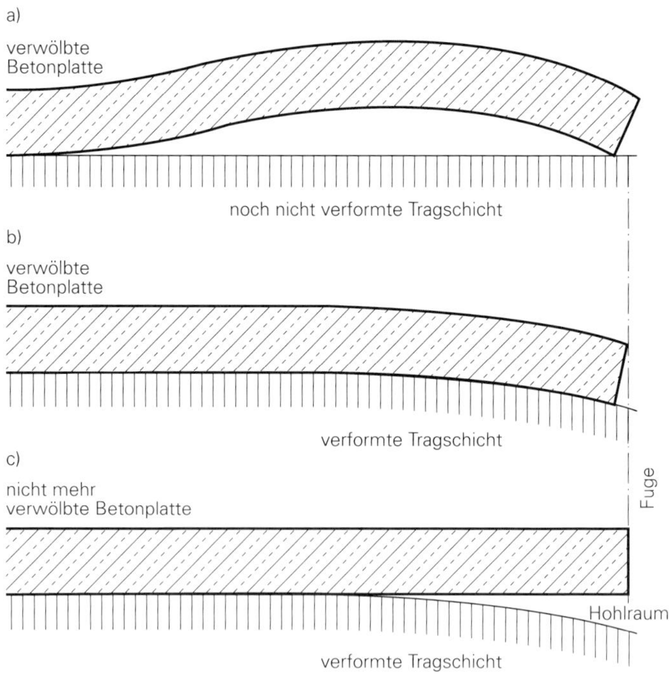

Bild 15.9: Verformung von Betonplatten und Tragschicht bei Erwärmung durch Sonneneinstrahlung

a) Verwölbung der Betonplatte

b) Verformung der Tragschicht

c) Im Normalzustand der Betonplatte führt der entstandene Hohlraum zu Pumpbewegungen.

Das Schwinden des Betons bewirkt Verformungen. Wenn diese Verformungen unbehindert stattfinden können, entstehen keine Spannungen. Schwindspannungen werden also erst dann entstehen, wenn die Schwindverformungen behindert werden. Da das Schwinden ein langsam ablaufender Vorgang ist, werden auch Schwindverformungen oder Schwindspannungen langsam entstehen. Schwindspannungen können durch Kriechen des Betons abgebaut werden. Als Kriechen wird die zeitabhängige Verformungszunahme unter andauernden Spannungen bezeichnet. Wenn sich Beton infolge Schwinden verkürzen möchte, jedoch daran behindert wird, werden die dabei entstehenden Schwindspannungen durch Kriechverformungen abgebaut, da der Vorgang langsam stattfindet. Der Beton wird gedehnt, er kriecht; die Schwindspannungen werden geringer oder schließlich zu Null.

Das Schwinden des Betons hängt vor allem von folgenden Einflüssen ab:

- Zusammensetzung des Betons (insbesondere der Wassergehalt),
- Feuchte der umgebenden Luft,
- Bauteilabmessungen.

Die Grundschwindmaße ε_{so} betragen bei Bauteilen im Freien bzw. in trockener Luft je nach Konsistenz des Ausgangsbetons:

$\varepsilon_{so} = -32 \cdot 10^{-5}$ für Beton im Freien, Konsistenz KP
$\varepsilon_{so} = -40 \cdot 10^{-5}$ für Beton im Freien, Konsistenz KR
$\varepsilon_{so} = -46 \cdot 10^{-5}$ für Beton in trockener Luft, Konsistenz KP (Gl. 29)
$\varepsilon_{so} = -58 \cdot 10^{-5}$ für Beton in trockener Luft, Konsistenz KR

Der zeitliche Verlauf des gesamten Schwindens wird durch den Beiwert k_s erfaßt. Für Betonplatten, die auf Folie als Trennschicht liegen und im wesentlichen nur nach oben austrocknen, kann der Beiwert k_s dem Bild 15.10 entnommen werden.

Das zeitabhängige Schwinden $\varepsilon_{s,t}$ kann rechnerisch abgeschätzt werden:

$$\varepsilon_{s,t} = \varepsilon_{so} \cdot (k_{s,t2} - k_{s,t1}) \quad \text{(Gl. 30)}$$

Hierbei sind:

$k_{s,t1}$ Beiwert k_s aus Bild 15.10 für das wirksame Betonalter zum Zeitpunkt t_1
$k_{s,t2}$ Beiwert k_s aus Bild 15.10 für das wirksame Betonalter zu einem späteren Zeitpunkt t_2

Da das Austrocknen des Betons nicht gleichmäßig über die Plattendicke erfolgt, wird das Schwinden ebenfalls nicht gleichmäßig stattfinden.

Ungleichmäßiges Schwinden

Eine Betonplatte trocknet ungleichmäßig aus, und zwar im wesentlichen nur an der Oberfläche, wenn sie auf Folie liegt. Es wird daher auch das Schwinden zunächst nicht gleichmäßig erfolgen. Der Schwindvorgang setzt an der Oberfläche ein, und es kann vereinfacht angenommen werden, daß er zunächst linear nach unten abnimmt. Aus der Differenz der Dehnungen an Ober- und Unterseite $\Delta\varepsilon$ ergibt sich die Größe der Aufwölbung f_s (Bild 15.11). Sie kann mit der allgemeinen Gleichung aus der Biegetheorie für Stabtragwerke berechnet werden.

Aufwölbung durch ungleichmäßiges Schwinden:

$$f_s = \frac{\Delta\varepsilon}{d} \cdot \frac{L^2}{8} \qquad \text{(Gl. 31)}$$

Hierbei ist L die Plattenlänge und d die Plattendicke.

Für die Dehnungsdifferenz $\Delta\varepsilon$ kann vereinfacht die Hälfte des Schwindmaßes angenommen werden, die andere Hälfte wird für das gleichmäßige Schwinden angesetzt. Der Beton wird zu keinem Zeitpunkt oben völlig ausgetrocknet sein, während er unten noch kein Wasser abgegeben hat (siehe Beispiele 18 und 19).

Beispiel 18: Dehnungsdifferenz durch ungleichmäßiges Schwinden

Für Beton der Konsistenz KS und KP im Freien erhält man bei ungleichmäßigem Schwinden als Dehnungsdifferenz:

$$\Delta\varepsilon_s = \frac{1}{2} \cdot \varepsilon_{so} = \frac{1}{2} \cdot 32 \cdot 10^{-5} = 16 \cdot 10^{-5} = 0{,}16 \cdot 10^{-3} \mathrel{\hat{=}} 0{,}16 \text{ mm/m} \qquad \text{(Gl. 32)}$$

Bild 15.10: Beiwert k_s für den zeitlichen Ablauf des Schwindens bei verschiedenen Dicken d einer Betonplatte, die auf Folie liegt (nach DIN 4227)

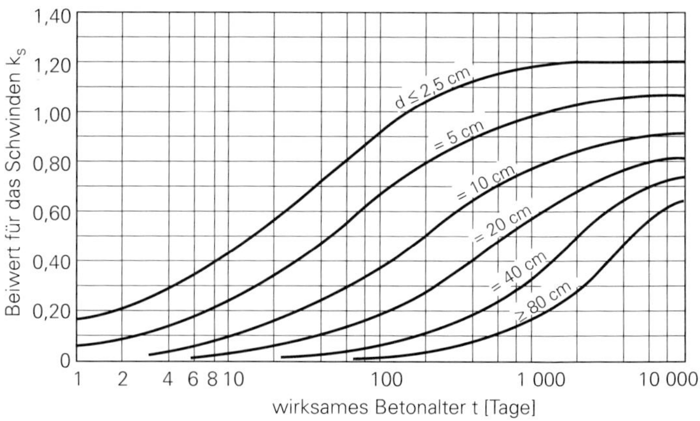

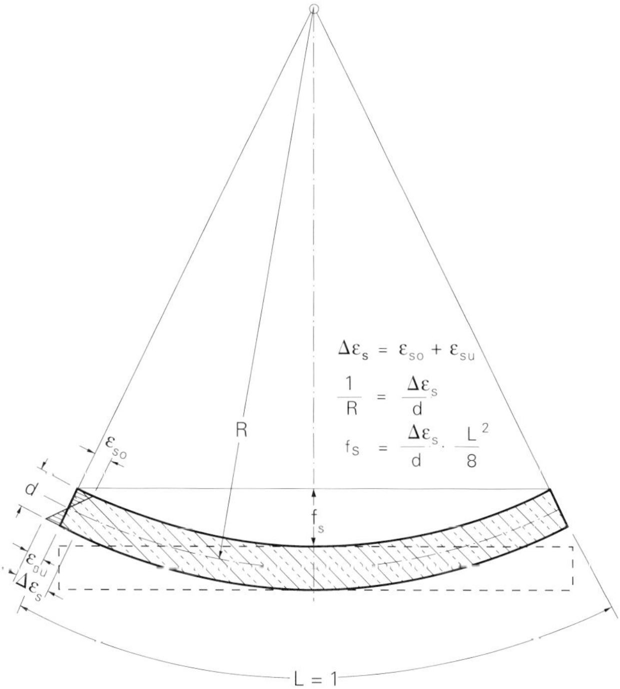

Bild 15.11: Vereinfachte Darstellung der kreisbogenartigen Verformung infolge Schwindens, ähnlich den Verformungen infolge Temperaturdifferenzen (nach der Biegetheorie)

Beispiel 19: Verwölbung durch ungleichmäßiges Schwinden

Die Größe der rechnerischen Aufwölbung f_s infolge ungleichmäßigen Schwindens beträgt bei einer 20 cm dicken und 5,0 m langen Platte:

$$f_s = \frac{\Delta\varepsilon_s}{d} \cdot \frac{L^2}{8} = \frac{0{,}16}{0{,}20} \cdot 10^{-3} \cdot \frac{5{,}0^2}{8} \cdot 10^3 = 2{,}5 \text{ mm} \qquad \text{(Gl. 33)}$$

Dieser Aufwölbung wirkt die Eigenlast der Betonplatte entgegen. Die Betonplatte wird insgesamt um so weniger verformt, je größer die ständig wirkende Last ist.

Die Größe der Rückverformung an den Plattenenden kann berechnet werden mit:

$$f_g = \frac{1}{8} \cdot \frac{g \cdot (L/2)^4}{E_b \cdot J} \qquad \text{(Gl. 34)}$$

Daraus erhält man mit einem Elastizitätsmodul für den jungen Beton von $E_b \sim 30\,000$ N/mm² und einer Rohdichte des Betons von $\rho = 2\,400$ kg/m³, die vereinfachte Form für die Rückverformung durch Eigenlast:

$$f_g = 0{,}75 \frac{L^4}{d^2} \cdot 10^{-4} \quad \text{in mm mit L und d in m} \qquad \text{(Gl. 35)}$$

Beispiel 20: Rückverformung durch Eigenlast

Die Rückverformung infolge Eigenlast beträgt bei einer 20 cm dicken und 5 m langen Platte

$$f_g = 0{,}75\ \frac{L^4}{d^2} \cdot 10^{-4} = 0{,}75 \cdot \frac{5{,}0^4}{0{,}20^2} \cdot 10^{-4} = 1{,}2\ \text{mm}$$

Der zeitliche Ablauf von Schwinden und Kriechen ist in etwa gleich. Es kann daher bei langsamem Schwinden mit einem teilweisen Abbau der Schwindspannungen durch Kriechen gerechnet werden. Eine Überlagerung der Schwindspannung mit Spannungen aus Eigenlast ist nicht erforderlich. Es genügt die Berücksichtigung des Schwindens nach Tafel 15.2, Seite 143.

Gleichmäßiges Schwinden

Der Anteil des gleichmäßigen Schwindens bewirkt die Verkürzung der Betonplatte in ähnlicher Weise wie beim gleichmäßigen Abkühlen (s. Abschnitt 15.3.6). Beide Vorgänge addieren sich gegebenenfalls. Da jedoch die Verkürzungen nur durch die Reibungskräfte auf der Unterlage behindert werden, werden die entstehenden Zugspannungen nur hiervon abhängig sein (siehe Abschnitt 15.3.6). Aus Gleichung 12 ist zu ersehen, daß die Größe der Zugspannung außer von den geometrischen Abmessungen der Platte, von dem Reibungsbeiwert μ und von der langfristig wirkenden Last p abhängig ist. Die Berechnung wurde in Beispiel 11 durchgeführt. Daraus ergeben sich besonders bei gleichzeitigem Abkühlen der Platte die Forderungen, daß zum Abbau der Spannungen die Platte begrenzt werden muß oder die Gleitfähigkeit auf der Unterkonstruktion zu verbessern ist: entweder kleinere Fugenabstände oder Gleitschichten anordnen.

Das Schwinden ist ein langwieriger Vorgang, der sich über Jahre hinzieht. Das Schwinden des Betons wird häufig durch Reibung auf dem Untergrund oder durch Verbindung mit anderen Bauteilen behindert. Die dabei entstehenden Schwindspannungen können durch Kriechen des Betons abgebaut werden, wenn der Beton nicht vorher reißt.

Das Schwinden des Betons bewirkt bei freier Beweglichkeit eine Verkürzung, die im Laufe der Zeit zunimmt.

Mit einer sich daraus ergebenden Vergrößerung der Fugenbreite ist zu rechnen.

Aus dem Endschwindmaß ε_s mal der Plattenlänge L (= Fugenabstand) ergibt sich die theoretische Erweiterung einer Fuge:

$$\Delta L_s = \varepsilon_s \cdot L \qquad \text{(Gl. 36)}$$

Beispiel 21: Berechnung der Fugenerweiterung durch Schwinden

Bei einem Fugenabstand von L = 5,0 m und der Konsistenz KP des Betons ergibt sich folgende rechnerische Verkürzung der Betonplatte bzw. Fugenerweiterung im Laufe der Jahre durch Gesamtschwinden mit dem Grundschwindmaß nach Gleichung 24:

$$\Delta L_s = \varepsilon_s \cdot L = -46 \cdot 10^{-5} \cdot 5{,}0 \cdot 10^3 = 2{,}3 \text{ mm}$$

Die tatsächliche Verkürzung wird geringer sein, da ein großer Teil des Verformungsbestrebens durch Kriechen abgebaut werden kann.

15.3.8

Gesamtbeanspruchung

Aus den vorgenannten Lastfällen entstehen Biegezugspannungen an der Plattenoberseite oder an der Plattenunterseite und außerdem reine Zugspannungen. Sie können z.T. gleichzeitig auftreten und sind ggf. durch Überlagerung zu berücksichtigen.

Folgende Lastfälle können für gemeinsames Wirken entscheidend sein:

a) Biegezugspannungen an der Plattenunterseite:
- ❑ Belastung in Plattenmitte,
- ❑ Belastung am Plattenrand,
- ❑ Erwärmung von oben,
- ❑ Behinderung der Verkürzung bei gleichmäßigem Schwinden.

b) Biegezugspannungen an der Plattenoberseite:
- ❑ Belastung an der Plattenecke,
- ❑ Abkühlen von oben,
- ❑ Behinderung der Verkürzung bei gleichmäßigem Abkühlen,
- ❑ ungleichmäßiges Schwinden,
- ❑ Behinderung der Verkürzung bei gleichmäßigem Schwinden.

Welche Beanspruchungskombination die größeren Biegezugspannungen liefert, ist einerseits abhängig von der Laststellung und von der Größe der wirkenden Lasten, andererseits von den auftretenden Temperaturbeanspruchungen und den Austrocknungsbedingungen. Die Auswirkungen der verschiedenen Vorgänge sind in Tafel 15.4 zusammengestellt.

Die Bemessung entspr. Abschnitt 15.3.3 bis 15.3.7 ergibt bei Berücksichtigung der zugehörigen Beanspruchungskombination die Größe der Biegezugspannung. Erst bei Überschreitung der zulässigen Biegezugspannung im Beton ist Bewehrung anzuordnen. Die zulässigen Biegezugspannungen sind in Tafel 15.2 aufgeführt. Die zugrunde gelegte Biegezugfestigkeit ist bei der Ausführung zu fordern und daher in der Leistungsbeschreibung festzulegen.

In den meisten Fällen wird es möglich sein, die insgesamt auftretende Beanspruchung durch die zulässige Biegezugspannung abzudecken. Die zulässige Biegezugspannung ist von der vorhandenen Biegezugfestigkeit und dem zugeordneten Sicherheitsbeiwert abhängig. Bewehrung ist dann unnötig.

Durch diese Verfahrensweise ergibt sich eine einfache Konstruktion, die in der Praxis sicher herstellbar ist. Andere Konstruktionsweisen bereiten häufig Schwierigkeiten bei der praktischen Ausführung. Fehler entste-

Tafel 15.4: Zwang- und Lastspannungen bei Betonböden

Beanspruchung	Vorgang	Ursache	mögliche Auswirkung
Zwangspannungen	Abfließen der Hydratationswärme	Abkühlen der Oberfläche beim Erhärten des Betons	Schalenrisse an der Oberfläche
	Frühschwinden	Wasserabgabe beim Erhärten des Betons	Risse an der Oberfläche
	ungleichmäßiges Schwinden	Wasserabgabe an der Oberfläche	Aufwölben der Ränder, Risse an der Oberfläche
	gleichmäßiges Schwinden	Wasserabgabe an der gesamten Dicke	Verkürzen der Felder, Öffnen der Fuge, durchgehende Risse
	ungleichmäßiges Abkühlen oder Erwärmen	kurzfristige Temperaturwechsel (Tag/Nacht, Toröffnungen, Sonneneinstrahlung)	Verwölbung des Betonbodens, Risse
	gleichmäßiges Abkühlen oder Erwärmen	langfristige Temperaturwechsel (Sommer/Winter, Beheizung)	Verkürzen oder Verlängern des Betonbodens, durchgehende Risse
Lastspannungen	punktförmig wirkende Lasten	Radlasten aus Fahrzeugen, Stützenlasten aus Regalen: Last in Plattenmitte am Plattenrand an der Plattenecke	Risse durch: Biegezug an der Unterseite an der Oberseite an der Oberseite
	flächig wirkende Lasten	lagernde Güter	Erhöhung der Zwangspannungen durch Behindern von Verformungen
	schwingend wirkende Lasten	Maschinen	Risse

hen oft bei mehrschichtigen Bauweisen durch Unterbeton, Oberbeton und Estrich. Fehlermöglichkeiten bestehen vor allem beim Einbau der Bewehrung.

15.4 Bemessung sehr stark belasteter Betonböden

In besonderen Fällen, z.B. bei sehr hohen Einzellasten $Q > 200$ kN oder bei langfristig wirkenden Lasten sowie bei Lastpressungen von $p > 4{,}0$ N/mm^2 bis zu $p \leq 7{,}0$ N/ mm^2 ist eine spezielle Bemessung nach Zustand II erforderlich, da der Beton diese Beanspruchungen nicht mehr allein übernehmen kann. In diesen Fällen sind besondere Bewehrungen erforderlich. Vor allem bei großen Fugenabständen kann eine Spannstahlbewehrung sinnvoll sein, z.B. aus Spannstahllitzen (s. Abschn. 3.4.3).

Lastpressungen über 7 N/mm^2 sollen vermieden werden, da bei derart großen Beanspruchungen mit einer dauerhaften Funktionsfähigkeit des Betonbodens nicht zu rechnen ist und Schädigungen erwartet werden müssen. Sollten diese übergroßen Lastpressungen unvermeidbar sein, sind Spezialausführungen erforderlich, z.B. die Verwendung von Stahlplattenbelägen.

16 Zusammenfassung

Unterbau, Tragschicht und Betonplatte sind als konstruktive Teile des gesamten Betonbodens zu sehen. Daher ist eine Planung erst dann möglich, wenn der Untergrund bekannt ist. Erforderlichenfalls hat eine Erkundung des Untergrunds durch ein Erd- und Grundbauinstitut zu erfolgen.

Einschichtige Betonplatten für den Industriebau sind wirtschaftlich in der Herstellung und besonders günstig in der Unterhaltung. Sie werden bis zu bestimmten Belastungen ohne Bewehrung hergestellt. Im Normalfall bleibt die Betonplatte ohne Bewehrung.

Unbewehrte Betonplatten sind der Normalfall für Betonböden mit Belastungen bis zu 200 kN (20 t) als Einzellast und Lastpressungen bis zu 4,0 N/mm^2. Die Festlegung der Konstruktion kann nach Abschn. 15.1 ohne besondere Bemessung erfolgen, wenn die dort genannten Bedingungen eingehalten werden können. Ein Standard-Betonboden, der für die meisten Lager- und Produktionshallen geeignet ist, wird mit den dazugehörigen Anforderungen und seinen Möglichheiten in Abschnitt 15.2 vorgestellt. Für höher beanspruchte Betonböden ist zur Bestimmung der Betonplatte in Dicke und Fugenabstand eine Bemessung erforderlich, die in vereinfachter Weise nach Abschn. 15.3 durchgeführt werden kann. Auch in diesen Fallen bleibt die Betonplatte ohne Bewehrung. Eine sogenannte „Angstbewehrung" erschwert den Einbau des Betons. Statt zusätzlicher Sicherheiten, die gewünscht sind, gehen Sicherheiten durch ungünstigen Betoneinbau verloren.

Bewehrte Betonplatten kommen nur für stark belastete Betonböden mit Einzellasten über 200 kN und/oder Kontaktpressungen über 4,0 N/mm² in Frage, wenn sich sonst zu große Dicken ergeben würden. Diese Bewehrungen müssen jedoch so stark sein, daß eine einwandfreie Lage der Bewehrung auch bis zum Abschluß des Betoniervorganges sichergestellt werden kann. Bewehrungsmatten mit Gewichten unter 5 kg/m² sind unzweckmäßig, so daß mindestens Matten Q 378 erforderlich sind (s. Abschn. 3.4.2). Matten- oder Stabstahlbewehrungen können das Entstehen von Rissen nicht verhindern, da die Dehnung des Stahls größer ist als die Bruchdehnung des Betons (s. Beispiel 7 und Tafel 15.1). Bei Dehnungen des Stahls bzw. des Betons über 0,1 ‰ ist mit Rissen zu rechnen.

Faserbewehrte Betonplatten können Vorteile bieten, wenn ein genügender Anteil an Stahlfasern mit hoher Leistungsklasse verwendet wird (s. S. 44). Für vollflächig auf einem ausreichend tragfähigen und ebenen Untergrund aufliegende Betonplatten kann die Bemessung nach dem Merkblatt „Grundlagen zur Bemessung von Industriefußböden aus Stahlfaserbeton", durchgeführt werden [38]. Die Berechnung von Betonplatten aus Stahlfaserbeton kann nach zwei unterschiedlichen Konzepten erfolgen:

- ❑ entweder Berechnung nach der Elastizitätstheorie und Nachweis der Aufnahme der Beanspruchung durch den ungerissenen Betonquerschnitt (Zustand I),
- ❑ oder Berechnung unter Berücksichtigung des Arbeitsvermögens und Nachweis, daß die in den Rissen auftretenden Beanspruchungen den Rechenwert der zu ermittelnden äquivalenten Biegezugfestigkeit nicht überschreiten (Zustand II, gerissene Zugzone).

Spannstahlbewehrte Betonplatten sind dann erforderlich, wenn sehr hohe Beanspruchungen wirken und bei großen Fugenabständen die Betonplatte rißfrei bleiben soll. Zum Vermeiden von Rissen ist zweifellos eine Spannstahlbewehrung besser geeignet als eine schlaffe Bewehrung durch Matten [40]. Voraussetzung dabei ist jedoch, daß sich die Betonplatte der Vorspannung folgend verkürzen kann. Um durchgehende Risse besonders aus Temperatur und Schwinden zu verhindern, genügt eine sehr schwache Vorspannung des Betonquerschnitts von 0,5 N/mm² (s. Abschnitt 3.4.3). Diese Vorspannung kann durch Spanndrahtlitzen oder Einzelspannglieder aufgebracht werden.

Die Abstände der Spannstahlbewehrung liegen je nach Plattenlänge und Plattendicke bei 50 bis 100 cm. Fugenabstände bis 100 m sind dadurch möglich.

Betonböden im Industriebau erfordern keinen nachträglichen Estrich, ggf. eine Hartstoffschicht. Die vielen Unsicherheiten bei Estrichen können damit ausgeschaltet werden. Es ist jedoch bei der Herstellung einiges zu beachten, was über den gewohnten Rahmen hinausgeht. Manches ist bei der Ausführung zu berücksichtigen, was im Betonstraßenbau inzwischen üblich geworden ist.

Andererseits sind aber inzwischen Einbauarten entwickelt worden, die nur einen einfachen Geräteeinsatz fordern.

In den vorangegangenen Abschnitten wurden Planung und Ausführung von Betonböden im Industriebau aus Ortbeton beschrieben. Andere Befestigungsarten (z.B. mit Betonsteinpflaster) sind nicht Gegenstand dieser Arbeit.

Die wesentlichen Kennzeichen der hier beschriebenen Betonböden im Industriebau sind:
- ❏ einschichtige Betonböden,
- ❏ auf Tragschicht,
- ❏ ohne Estrich, ggf. Hartstoffschicht,
- ❏ ohne Bewehrung,
- ❏ ohne Dehnfugen.

Es ist selbstverständlich, daß bei besonderen Verhältnissen oder bei sehr hohen Beanspruchungen auch besondere Maßnahmen nötig sind. Das wird jedoch nur in Ausnahmefällen nötig sein. Eine sorgfältige Planung, Bemessung und Ausführung ist in allen Fällen erforderlich.

Stichworte für die Planung

- ❑ Planung auf die künftige Nutzung abstellen. Zu berücksichtigen sind besonders:
  Belastungsgröße und -art,
  Temperaturverhältnisse,
  mechanische Beanspruchung der Oberfläche,
  chemische Beanspruchung der Oberfläche.

- ❑ Baugrundverhältnisse abklären, da ein schlechter Baugrund eine aufwendige Konstruktion erfordert.

- ❑ Betonboden in seiner Gesamtkonstruktion für die künftige Nutzung bemessen. Berechnungshilfen werden angeboten und an Beispielen erläutert.

- ❑ Unterkonstruktion mit einer ausreichenden Verdichtung ist wichtig für die Tragfähigkeit und Beständigkeit der Gesamtkonstruktion.

- ❑ Bewehrung nur dann vorsehen, wenn die Biegezugspannung des Betons überschritten wird. Hierbei Stahldehnung begrenzen.

- ❑ Raumfugen (Dehnfugen) sind nur beim Anschluß an feste Bauteile erforderlich.

- ❑ Schein- und/oder Preßfugen sind zur Unterteilung des Betonbodens in einzelne Felder erforderlich. Das Betonieren in geschlossenen Hallen ermöglicht größere Fugenabstände als bei offenen Hallen oder im Freien.

- ❑ Gleitfolie bei größeren Temperaturdifferenzen und größeren Fugenabständen sowie bei langfristig wirkenden Belastungen erforderlich.

- ❑ Folie (aus Polyäthylen) unter der Betonplatte auf ungebundenen Tragschichten verlegen. Folie auch dann vorsehen, wenn feuchteempfindliche Güter gelagert werden sollen bzw. eine Beschichtung vorgesehen ist.

- ❑ Vorhandene Möglichkeiten der Oberflächenbearbeitung ausnutzen.

- ❑ Estriche nur dann ausführen, wenn die Betonoberfläche nicht in geeigneter Weise hergestellt werden kann.

- ❑ Ggf. Schutz des Betons durch ein geprüftes Oberflächenschutzsystem oder andere Maßnahme vorsehen.

- ❑ Klare Ausschreibung der Leistungen ist dringend nötig. Sondervorschläge der Bauunternehmen sollten erwünscht sein.

Stichworte für die Ausführung

- ❑ Bei der Kalkulation den tatsächlichen Aufwand kalkulieren, ggf. geeigneten Sondervorschlag unterbreiten.
- ❑ Die Ausführungsart entsprechend den vorhandenen Geräten vorsehen.
- ❑ Auf gute und gleichmäßige Verdichtung des Untergrundes und der Tragschicht achten.
- ❑ Tragschichtmaterial muß den Anforderungen entsprechen und darf im Freien nicht bindig sein und nur wenig Mehlkorn enthalten.
- ❑ Richtige Zusammensetzung des Betons für die Betonplatte (gleichmäßige Konsistenz, hohe Biegezugfestigkeit) beachten.
- ❑ Zügiger Einbau des Betons (ggf. mit Betonpumpe) und einwandfreie Verdichtung ist erforderlich.
- ❑ Verdichtungsgerät und Betonkonsistenz aufeinander abstimmen.
- ❑ Bearbeitung der Betonoberfläche durch Besenstrich oder maschinelles Abscheiben bzw. Glätten zügig durchführen.
- ❑ Frühes Schneiden der Scheinfugen verhindert Rissebildung.
- ❑ Gründliche Nachbehandlung zum Schutz der Oberfläche, besonders gegen zu schnelles Austrocknen, ist für rissefreien Beton dringend erforderlich (s. Abschn. 10).
- ❑ Nutzung des Betonbodens ist erst möglich, wenn 70 % der geforderten Druckfestigkeit erreicht sind, i.a. in sieben Tagen. Bei frühhochfestem Beton Teilbelastung schon nach 24 Stunden oder Vollbelastung nach 48 Stunden möglich.

17 Leistungsbeschreibung

Die folgende Leistungsbeschreibung ist als *Beispiel* für die Ausführung von Betonböden in Industriehallen mit einer max. Belastung von 50 kN (5 t) anzusehen.

Es wird davon ausgegangen, daß der Betonboden einschichtig ohne Bewehrung hergestellt wird. Die Oberfläche wird so bearbeitet, daß der Betonboden ohne Estrich oder Belag zu nutzen ist.

Der Leistungsbeschreibung liegen zugrunde:

- ❑ DIN 1045 Beton und Stahlbeton, Bemessung und Ausführung, Ausgabe 1988, mit den dazugehörigen Normen, Richtlinien und Merkblättern
- ❑ DIN 18 331 Beton- und Stahlbetonarbeiten, VOB Teil C Verdingungsordnung für Bauleistungen, Ausgabe 1998
- ❑ ZTVE-StB 94 Zusätzliche Technische Vertragsbedingungen und Richtlinien für Erdarbeiten im Straßenbau, Ausgabe 1994
- ❑ StLB 002 Standardleistungsbuch für das Bauwesen, Leistungsbereich 002, Erdarbeiten, Ausgabe 1993
- ❑ StLB 013 Standardleistungsbuch für das Bauwesen, Leistungsbereich 013, Beton- und Stahlbetonarbeiten, Ausgabe 1994
- ❑ StLB 080 Standardleistungsbuch für das Bauwesen, Leistungsbereich Straßen, Wege, Plätze, Ausgabe 1998

Die Texte aus dem Standardleistungsbuch und Textergänzungen erhalten in den Beispielen Standardleistungsnummern (StL-Nr.). *Textergänzungen sind kursiv gesetzt.*

OZ	Menge	Text	Einheitspreis DM	Pf	Gesamtpreis DM	Pf
1		StL-Nr. 93 002 050 05 35 03 02 m^3 Oberboden DIN 18 300 abtragen, laden, fördern und auftragen, Abtragdicke im Mittel 20 cm, Förderweg bis 500 m, Auftragdicke im Mittel 30 cm				
2		StL-Nr. 93 002 275 22 50 00 11 m^3 Boden für Verkehrsflächen profilgerecht lösen und im Bereich des Baugeländes planieren, Bodenklasse 3 Abtragtiefe bis 0,30 m, Förderweg bis 500 m. Mengenermittlung nach Abtragprofilen				
3		StL-Nr. 93 002 840 01 01 01 m^2 Planum herstellen, für *Tragschicht*, zulässige Abweichung von der Sollhöhe +/- 2 cm				
4		StL-Nr. 93 002 843 05 03 01 11 m^2 Untergrund verdichten in Abtragflächen, für Verkehrsflächen, Verdichtungsgrad DPr mind. 100 %, Verformungsmodul EV2 mind. 45 MN/m^2, Bodenklasse 3				
5		StL-Nr. 93 002 871 09 00 01 t Körnungsmaterial Kies-Sand-Gemisch, 0/32, liefern und verteilen				
6		StL-Nr. 93 002 840 01 01 01 m^2 Planum herstellen, für *Betonplatte*, zulässige Abweichung von der Sollhöhe +/- 2 cm				
7		StL-Nr. 93 002 841 06 00 04 11 m^2 Gründungssohle verdichten, für *Betonplatte*, Verformungsmodul EV2 mind. 100 MN/m^2, Bodenklasse 3				

OZ	Menge		Text	Einheitspreis DM	Pf	Gesamtpreis DM	Pf
8		m²	StL-Nr. 94 013 020 02 00 01 71 Trennlage aus PE-Folie 0,3 mm, Stöße überlappen, einbauen auf Tragschicht aus Kies				
9		m²	StL-Nr. 94 013 03711 11 55 85 Ortbeton der Bodenplatte, Untergrund waagerecht, obere Betonfläche waagerecht, aus unbewehrtem Beton als Normalbeton DIN 1045 B 35, mit hohem Verschleißwiderstand, Dicke in cm *20*				
10		m²	StL-Nr. 94 013 170 0152 00 11 Frischbetonoberfläche der Bodenplatte als flächenfertiger Nutzboden glätten. Besondere Anforderungen *Ebenheitstoleran-* *zen nach DIN 18 202 Zeile 3*				
11		m²	StL-Nr. 94 013 257 00 10 40 08 Schalung der Bodenplatte, einhäuptig, als Abstellung *bei Fugen* Höhe der Abstellung in m *0,20*				
12		m	StL-Nr. 94 013 430 5212 63 01 Profilleiste für *Preßfugen mit Nut und Feder,* glatt, Leistenbreite in mm 70/60, Leistendicke in mm *40*, mit trapezförmigem Querschnitt				
13		m	StL-Nr. 89 080 836 01 42 00 01 Scheinfuge in Betondecken, als geschnittene Fuge in den erhärteten Beton, Fugenspaltbreite/-tiefe *3/60 mm,* oben *8/25 mm,* Fugenkanten *scharfkantig.* Verfüllen der Fugen wird gesondert vergütet. *Fugenabstand in beiden Richtungen 6 m*				

OZ	Menge	Text	Einheitspreis DM	Pf	Gesamtpreis DM	Pf
14		m StL-Nr. 89 080 838 08 11 15 01 Fugenfüllung in Verkehrsflächen, Fugenwandungen mit Voranstrichmittel nach Vorschrift des Füllmassenherstellers vorbehandeln, Fugenunterfüllung bis max. 15 mm unter Oberkante mit komprimierbarem bis etwa 200 °C standfestem Füllstoff, Fugenraum bis Oberkante verfüllen mit *Polysulfidpolymeren, zweikomponentig, praktische Dehnfähigkeit 25 %,* Fugenspaltbreite/-tiefe 8/25 mm				
15		m StL-Nr. 89 080 835 05 30 12 01 Raumfuge in Betondecken, Fugeneinlage *Mineralwollplatten,* Dicke der Fugeneinlage *20 mm,* Maße des oberen Fugenspaltes *22/50 mm,* oberen Fugenspalt nach dem Erhärten des Betons einschneiden, Fugenkanten *scharfkantig.* Verfüllen der Fugen wird gesondert vergütet.				
16		m StL-Nr. 89 080 996 01 02 Leistung wie Position 11, jedoch *Fugenbreite 22 mm, Fugentiefe 50 mm*				

Schrifttum

[1] DIN 1045 Beton und Stahlbeton, Bemessung und Ausführung, 1988

[2] DIN V ENV 206 Beton – Eigenschaften, Herstellung, Verarbeitung und Gütenachweis; 1990

[3] DIN V ENV 1992-1-1 (Eurocode EC 2) Planung von Stahlbeton- und Spannbetontragwerken, 06.92

[4] DIN 1048 Prüfverfahren für Beton, 1991

[5] DIN 4030 Beurteilung betonangreifender Wässer, Böden und Gase, 1991

[6] DIN 4235 Verdichten von Beton durch Rütteln, Teil 5: Verdichten mit Oberflächenrüttlern, 1978

[7] DIN 18 125 Baugrund, Bestimmung der Dichte des Bodens, Teil 2: Feldversuche, 1986
DIN 18 196 Erd- und Grundbau; Bodenklassifikation für bautechnische Zwecke, 1988

[8] DIN 18 134 Baugrund, Versuche und Versuchsgeräte, Plattendruckversuch, 1990

[9] DIN 18 202 Toleranzen im Hochbau; Bauwerke, 1997

[10] DIN 18 316 Verkehrswegebauarbeiten; Oberbauschichten mit hydraulischen Bindemitteln. VOB Teil C, 1998

[11] DIN 18 560 Estriche im Bauwesen, Teil 7: Hochbeanspruchbare Estriche (Industrieestriche), 1992

[12] DIN 28 052 Oberflächenschutz mit nichtmetallischen Werkstoffen für Bauteile aus Beton in verfahrenstechnischen Anlagen,
Teil 1: Begriffe, Auswahlkriterien, Februar 1992
Teil 2: Anforderungen an den Untergrund, August 1993
Teil 3: Beschichtungen mit organischen Bindemitteln, Dezember 1994
Teil 4: Auskleidungen, Januar 1995

[13] AGI-Arbeitsblatt G 1: Straßen-, Park- u. Lagerflächen im Industriebau, Teil 1, Grundlagen/Planung, 1996

[14] AGI-Arbeitsblatt G 1: Straßen-, Park- u. Lagerflächen im Industriebau, Teil 2, Untergrung/Unterbau, 1996

[15] AGI-Arbeitsblatt G 1: Straßen-, Park- u. Lagerflächen im Industriebau, Teil 4, Zementgebundene Bauweisen, 1998

[16] AGI-Arbeitsblatt A 12: Teil 1 Industrieböden, Industrieestriche – Ergänzungen zu DIN 18 560 Zementestrich, zementgebundener Hartstoffestrich, 1997

[17] AGI-Arbeitsblatt A 80: Industrieböden aus Kunstharz – Imprägnierung, Versiegelung, Beschichtung, Estrich, 1995

[18] AGI-Arbeitsblatt K 10: Schutz von Beton, Oberflächenbehandlung: Beschichtung mit Anstrichstoffen, 1983

[19] AGI-Arbeitsblatt A 9 D: Industriebodenbeläge, 1995

[20] ZTV Beton-StB 93: Zusätzliche Technische Vertragsbedingungen und Richtlinien für den Bau von Fahrbahndecken aus Beton, Ausgabe 1993[1)]

[21] ZTVE-StB 94: Zusätzliche Technische Vertragsbedingungen und Richtlinien für Erdarbeiten im Straßenbau, Ausgabe 1994[1)]

[22] ZTVT-StB 95: Zusätzliche Technische Vertragsbedingungen und Richtlinien für Tragschichten im Straßenbau, Ausgabe 1995[1)]

[23] ZTV-LW 87: Zusätzliche Technische Vorschriften und Richtlinien für die Befestigung ländlicher Wege, Ausgabe 1987[1)]

[24] RStO 86: Richtlinien für die Standardisierung des Oberbaues von Verkehrsflächen, Ausgabe 1986, Ergänzte Fassung 1989[1)]

[25] Merkblatt für die Erhaltung von Betonstraßen, Ausgabe 1985[1)]

[26] Merkblatt für hydraulisch gebundene Tragschichten aus sandreichen Mineralstoffgemischen, Ausgabe 1991[1)]

[27] TL bit Fug 82: Technische Lieferbedingungen für bituminöse Fugenvergußmassen, Ausgabe 1982[1)]

[28] Merkblatt für die Fugenfüllung in Verkehrsflächen aus Beton, Ausgabe 1982[1)]

[29] Merkblatt ZH 1/571 für Fußböden in Arbeitsräumen und Arbeitsbereichen mit Rutschgefahr, HVBG Hauptverband der gewerblichen Berufsgenossenschaften, Oktober 1993

[30] EBA-NS 86: Ergänzende Bestimmungen der Niedersächsischen Straßenbauverwaltung zu den Zusätzlichen Technischen Vorschriften und Richtlinien für die Bemessung und Ausführung von bituminösen Fahrbahnen, Fassung 1997

[31] Technische Prüfvorschriften für Boden und Fels im Straßenbau TP BF-StB Teil 9.3 Prüfung der Gleichmäßigkeit der Verformbarkeit von Böden mit dem Befahrungsversuch und dem Benkelman-Balken, Ausgabe 1988[1)]

[32] Verzeichnis der Institute für Erd- und Grundbau in den Mitteilungen des Deutschen Instituts für Bautechnik Berlin, Januar 1997

[33] Richtlinie zur Nachbehandlung von Beton, Deutscher Ausschuß für Stahlbeton DAfStb, Ausgabe 1984

[1)] Herausgeber: Forschungsgesellschaft für Straßen- und Verkehrswesen e.V., Maastrichter Straße 45, 50672 Köln

[34] Richtlinie für Schutz und Instandsetzung von Betonbauteilen, Deutscher Ausschuß für Stahlbeton DAfStb, Ausgabe 1990

[35] Richtlinie für Betonbau beim Umgang mit wassergefährdenden Stoffen, Deutscher Ausschuß für Stahlbeton DAfStb, Ausgabe September 1996

[36] Richtlinie für Fließbeton – Herstellung, Verarbeitung und Prüfung, Deutscher Ausschuß für Stahlbeton DAfStb, Ausgabe 1995

[37] Richtlinie für Beton mit verlängerter Verarbeitbarkeitszeit (Verzögerter Beton), Deutscher Ausschuß für Stahlbeton DAfStb, Ausgabe 1995

[38] Merkblatt Grundlagen zur Bemessung von Industriefußböden aus Stahlfaserbeton, Fassung 1996. DBV-Merkblatt-Sammlung, Ausgabe 1997

[39] Bercea, G.: Anwendungsmöglichkeiten der Theorie der unendlich ausgedehnten Platte auf elastischer Bettung, Bautechnik 1985, Heft 7, S. 238

[40] Berichte der Technischen Komitees für Betonstraßen, XVI. Weltstraßenkongreß Wien 1979

[41] Bonzel, J.; Siebel, E.: Fließbeton und seine Anwendungsmöglichkeiten. beton 24 (1974) H. 1, S. 20/24 und H. 2, S. 59/63

[42] Straßenbau heute, Heft 1 Betondecken. Herausgegeben vom Bundesverband der Deutschen Zementindustrie, Beton-Verlag, Düsseldorf 1995

[43] Straßenbau heute, Heft 2 Tragschichten mit hydraulischen Bindemitteln. Herausgegeben vom Bundesverband der Deutschen Zementindustrie, Beton-Verlag, Düsseldorf 1990

[44] Straßenbau heute, Heft 3 Vorgefertigte Betonbauteile. Herausgegeben vom Bundesverband der Deutschen Zementindustrie, Beton-Verlag, Düsseldorf 1990

[45] Beton-Herstellung nach Norm. Herausgegeben vom Bundesverband der Deutschen Zementindustrie, Beton-Verlag, Düsseldorf 1997

[46] Eisenmann, J.: Betonfahrbahnen, Handbuch für Beton-, Stahlbeton- und Spannbetonbau, Verlag Wilh. Ernst u. Sohn, Berlin – München – Düsseldorf 1979

[47] Falkner, H.: Innovatives Bauen. Betonwerk + Fertigteil-Technik 1998, Heft 4

[48] Leonhardt, F.: Massige, große Betontragwerke ohne schlaffe Bewehrung gesichert durch mäßige Vorspannung. Beton- und Stahlbetonbau 1973, Heft 5

[49] Löwenberg, H.: Fließbeton als neue Anwendungsmöglichkeit im Straßenbau. Straße und Autobahn 1977, Heft 6

[50] Lohmeyer, G.: Stahlbetonbau – Eigenschaften, Konstruktion, Ausführung. B. G. Teubner, Stuttgart 1994

[51] Lohmeyer, G.: Weiße Wannen – einfach und sicher. Beton-Verlag, Düsseldorf 1995

[52] Nischer, P.: Austrocknen von jungem Beton. Betonwerk + Fertigteil-Technik 1976, Heft 3 bis 5

[53] Seidler, P. (Hrsg.): Handbuch Industriefußböden – Planung, Ausführung, Instandhaltung, Sanierung. Expert-Verlag, 1994

[54] Springenschmid, R.: Zur Ursache von Rissen in jungem Straßenbeton. Straße und Autobahn 1976, Heft 9

[55] Stoba, R.; Verdichtungskontrolle durch "proof rolling", Bundesanstalt für Straßenwesen Köln, Erfahrungsaustausch über Erdarbeiten im Straßenbau. Niederschrift der 17. Tagung am 4. und 5. Mai 1977

[56] von Stosch, H.-J.: Frühhochfester Fließbeton im Straßenbau. Straße und Autobahn 1976, Heft 6

[57] Teutsch, M.: Leistungsklassen des Stahlfaserbetons. IBMB der TU Braunschweig. Braunschweiger Bauseminar 1998

[58] Weigler, H.; und Segmüller, E.: Schutz von Beton gegen chemische Angriffe. beton 17 H. 8, Beton-Verlag, Düsseldorf 1967

[59] Weil, G.: Die Formänderungen von Betonfahrbahnplatten und Folgerungen für die Straßenbaukonstruktion. beton 14 H.7, Beton-Verlag, Düsseldorf, 1964

[60] Westergaard, H. M.: Analytical Tools for Judging Results of Structural Tests of Concrete Pavements. Public Roads 14 Nr. 10, 1933

[61] Zantz, E.: Vakuumbeton im Brückenbau, beton 36 H. 7, Beton-Verlag, Düsseldorf 1986

[62] Zeus, K.; und Manns, W.: Zum Tragverhalten von Estrichen auf Dämmschichten. Baugewerbe 1981, Heft 6

Stichwortverzeichnis